伊藤製作所 代表取締役社長
伊藤澄夫［著］

日本製造業の後退は天下の一大事

モノづくりこそニッポンの砦

第3弾

日刊工業新聞社

プロローグ　～皆様とともにモノづくりの繁栄を目指す

最近では、理工系大学の先生だけでなく、経済学や経営学系の先生たちともお話をさせて頂く機会が増えている。彼女・彼らとの対話の中で学んだ概念や理論を一部援用しながら、私自身が考える今後の経営の在り方について語ってみたい。

出版の経緯

２００４年４月、私は工業調査会という出版社から、「モノづくりこそニッポンの砦」を処女出版した。引き続き２０１５年10月に、日経ＢＰから「ニッポンのスゴい親父力経営」を出版した。いずれも、業界や官学など様々な方から評価を頂いたが、とりわけ中小製造業の経営者から「参考になった」という声を聞くたびに、この上ない喜びを感じている。残念なことに、工業調査会は２０１０年８月に事業を停止した。出版社から在庫本をすべて引き取り当社で販売していたが、在庫がなくなった時点で、当社のホームページ（https://www.itoseisakusho.co.jp/）の無料電子版にてお読み頂けるようにした。現在も頻繁に、全国からアクセスして頂いていることに心よりお礼を申し上げたい。

その後、意図せず大学の学生向け課題図書に指定して頂いた。また、海外からの依頼を受けて一部の内容が翻訳され、大学や業界で参考書として使われた。一方で、直接耳にすることはなかったが、「経営者が本を出す必要があるのか？」「経営に専念すべきではないか？」、さらには「単に自慢したいだけではないか？」という批判も当然あっただろう。しかし、私には、経営での成功を誇示する思いは全くない。これまで多くの方から学ばせて頂いた知見を、広く社会に還元したい。とりわけ、中小企業の次世代を担う若手経営者や同業者の皆様に少しでもお役に立てればとの思いから、改めて筆を執ることにした。

一経営者でありながら、本書を含む3冊の本を執筆できたのは幸せなことで、ご指導およびご協力を頂いた皆様に心より感謝を申し上げたい。本を出版するという作業は想像以上に大変で、単に目立ちたいという利己的な動機だけで執筆は続けられない。自分の実績を誇示したいのであれば、本よりももっと気楽で、効率的な方法はいくらでもあるだろう。

なぜ、私が本を執筆するのか？

本書をご覧になると分かると思うが、私の考えや知見は、多くの方との関わりで作り上げられてきたものである。先代社長である親父からの人生訓や助言は、今もしっかり心に留めている。義務教育や高校・大学での学びも、経営を行う上で大変役立っている。若い頃には、現場の職人たちから技術やノウハウ、しきたりについて厳しく教えを受けた。また、取引先の大手メーカーの経営者や管理者からは、経営や営業で必要なスキルをご教示頂いた。さらに、理工系大学の先生たちと金型や生産技術に関する共同研究を行い、最近では社会科学系の先生方との企業調査も積極的に受け入れていることは冒頭で述べた。そのような対話を通じて、多くの学術的知見を学ぶことができたと思っている。

要するに今、私が持っている経営や技術に関する知見とノウハウは、確かに私の中にあるものだが、同時にこれまで学ばせて頂いた多くの方々の知見の束ないしはレガシー（遺産）であり、私のものであると同時に私のものではないのである。

社会科学系の先生方との対話の中で、経済の在り方が徐々に変容してきているとの話を聞いた。これまで資本主義社会は「専有と競争」を大きな特徴としてきたが、これからは「共有と協調」という視点が重要になってくるという。シェアード・エコノミー＝Shared Economyの潮流ともいえるが、確かに我々の自動車産業でも将来的な技術の方向性としてＣＡＳＥ、すなわちつながる＝Connected、自動運転＝Autonomus、電動＝Electric、そして共有化＝Sharedが注目されている。

今は新型コロナウイルスの影響でやや苦しんでいるが、例えば自家用車をタクシーのように共有するＵｂｅｒ社や自宅をホテルのように共有するＡｉｒｂｎｂ社など、まさにシェアードを切り口とした新興ビジネスが台頭し始めた。また、トヨタ自動車も様々な思惑があると噂されているが、ハイブリッド技術を無償公開し、パワートレインで他社と連携を推し進めることで、地球温暖化という人類が直面する課題に立ち向かおうとしている。

「あの親父は言いたい放題で仕方がないな」と、周囲の人たちが優しく許してくれる年齢を迎えた。これを機に、自分の中に暗黙知として蓄積されてきた知見やノウハウを、書き物を通じて形式知に転換し、社会へと還元する義務があるのではないかと思い始めた。

これまで私が行ってきた経営は、当社が置かれた時代や状況の中で、幸いにも一定の有効性を示してきた。しかし、それぞれの会社が置かれている状況は千差万別である。まして今後、中小企業の若手経営者は、変化に富み不確実で、複雑かつ曖昧な経営環境下での舵取りを求められる（ＶＵＣＡの時代というらしい）。我々の世代が直面してきた経営環境よりはるかに厳しい状況下で、生き残りを図らなければならない。そのために、私のような親父世代は恥をかく覚悟で、モノづくり産業の中で自分が蓄積してきた知見やノウハウを明かし、次世代の後継者や社員たちと企業の枠を超えて共有する必要や責任がある。

私は社会に出てモノづくりに携わり、55年が経過した。この間、オイルショックや円高、リーマンショック、そして現在も復興途上にある新型コロナショックなど度重なる不景気や困難を経験した。予想を上回る数の製造業が倒産や廃業に追い込まれたが、生き残った多くの中小製造業は、以前と比べて強靭な企業へと様変わりした企業が多い。1985年、先進5カ国蔵相・中央銀行総裁会議（プラザ合意）以来、急速に円高となった。このため、輸出を主力としていた当社顧客からの値引き要請は半端ではなかった。顧客要望への対応を図るために合理化や改善を重ね、生き残りをかけて命がけの努力を続けてきた。

現在、存続している製造業は様々なハードルを乗り越えたことで鍛えられて磨きが掛かり、強い体力と技術力を持つ企業になったといえる。何年にもわたって合理化とコスト低減、高品質の製品づくりを継続してきた結果、今や賃金水準の低いアジアの製造業よりむしろ安価で高品質の製品を製造できる企業も少なくない。

最近では一米ドル110円程度で安定しているが、この間の急激な円高で廃業に追い込まれた企業は数えきれない。生き残った企業には大きな強みがあるにもかかわらず、「ウチには何の特徴もない」と口にする社長を見掛けるが、とんでもないことだ。特徴のない企業が、30年も50年も続くわけがない。ただ、自社の強みに気づいていないだけであろう。

金型業界では30年間で企業数が約40％減少したが、総売上高はその割合ほど落ち込んでいない。すなわち、個々の企業はそれぞれ成長しているのだ。創業100年を超える世界中の企業で、日本企業は60％も存立しているといわれているが、日本国民は昔から穏やかな民族で、労使ともに企業を守る姿勢が根底にあるのだろう。

１９７０年頃より、日本の製造業は目の肥えた世界のユーザーに、高品質の工業製品を洪水のごとく輸出していた。Made In Japanの自動車やカメラ、音響機器、工作機械など安価で高品質な点が評価され、人気を博した。その結果、世界中のマネーが日本に集まり、「日本の勢いはどこも止められない」「21世紀も日本の優位は続く」「雁の群れの先頭を飛ぶニッポン」と世界から賞賛された事実は、平成生まれの若者には理解できないだろう。

１９８０年代には、日本は世界の超先進国といわれていたような時期があった。国や金融機関、企業に巨額の金が集まったことにより、海外資産の購入や大型公共投資と建設ブーム、分不相応の株式投資や土地購入などがその後のバブル崩壊の引き金となった。

当時、世界から先進国といわれた理由は政治力や金融、農業、建設業などによるものではない。世界中から妬みを買うほど輝いた日本の舞台裏を支えていたのは、製造業の頑張りだった。１９８０年代以降にアジア各国を訪問すると、「日本の政治は三流、モノづくりは一流」といわれた。国家や国民がこれを認識しなかったことで歯車が狂ってきたのだ。

農業や建設、金融などのように、政府に支えられてきた業界が世界で打ち勝てる強靭な企業になったであろうか。今では世界の誰もが認める製造業の模範となるようなホンダでさえ、「四輪なんて無理だろう。しばらく二輪だけを生産しろ」とお上から促された時期があった。今や世界のトップの製造業がうらやむビジネスジェットの製造・販売を開始するまでになり、歴史のある米航空機会社を尻目に、受注数もトップに踊り出た。

航空機生産において、米国がどれほど環境面で有利かは分からないが、できることなら日本の地で開発・生産して欲しかった。親から過保護に育てられた子供が平凡な成人になる一方で、親からほったらかしにされた子が苦しさを耐え抜き、立派な成人に成長することと似ている。モノづくりこそが、日本の存在価値を高める唯一無二の手段なのである。

しかし、２０２０年初頭から、新型コロナウイルス感染症拡大による影響が世界中に広がってきた。これは私の長い経験の中で、経済に最も厳しい影響が現れるのではないかと案じている。まず、いつ収束するかが全く読めないことに危機感を感じる。例え世界大戦が勃発しても、世界中のエアラインがストップすることはない。また、世界中で外出や催し物の開催がことごとく禁じられていることは、すべてのビジネスに底知れない悪影響をもたらす。日本で生まれたアビガンが終息の大きな手助けになればよいのだが。

企業は、生き残ることだけに腐心してこの危機に立ち向かわねばならない。幸い生き残れた企業は従来以上に良い経営ができるはずと期待して、この苦難に立ち向かいたい。

日本製造業の後退は天下の一大事
モノづくりこそニッポンの砦 第3弾

目次

第4章 フィリピン進出が成長軌道を確かにした

第5章 日本の常識が通じないインドネシア

第6章 安倍総理と経済ミッション団が東南アジア4カ国訪問

第7章 モノづくり復興へ政治と行政、マスコミに物申す

第8章　経営者としての伊藤澄夫ができるまで

第9章　親父から学んだ社会学と経営

第1章

若きリーダーに未来を託す

少子高齢化により、高齢者の年金財源確保のために若者の負担が大きくなるという話題で持ちきりだが、年金とは本来、個人と企業が納めた社会保険料を返してもらうだけの制度のはずだ。現在、国家予算より多い120兆円が年金などとして支給されているが、年々減少する若者が支払った保険料を、そのまま受給者に回すという最悪の流れとなっている。

第2次世界大戦中、大本営は終戦間際まで国民に偽りの情報を流し続け、何百万人もの国民が犠牲になり、世界の最貧国にまで陥れた。「○月×日、○×海戦において、わが海軍は敵空母3隻を撃沈し、100機以上の航空機を撃破した。一方、わが軍の被害は軽微なり」などと終戦間際まで騙し続けられたのだ。国民は勝ち戦を信じて士気を高めていたが、2発の原爆を落とされ、やっと負け戦と気づいたのだ。

問題の発端は、年金制度が発足してしばらくは定年退職者に対する年金の支払いがほとんどなく、蓄積された巨額の年金資金を無駄で不要な建物や施設の建設に、湯水のごとく散財したことが挙げられる。今や不要と思われるこれらの施設に対する年間の維持費は膨大なのだ。さらに金利の低下やデフレの定着、資産運用の失敗が追い討ちを掛けた。歴代の社会保険庁長官の責任を一切問わないことは、日本国民の温和な性格のためだろうか。

年金の年間支払い金額が国家予算より多額である現実により、国家予算の一部を年金に回す程度では焼け石に水だろう。また、消費税の増収分は福祉に充てるというが、これもまやかしに過ぎない。国家のリーダーは今こそ悪しき実態を正直に説明し、国民に謝罪するべきだ。同時に将来を通じ、次世代の若者が安心できる社会保険システムを再構築しなければならない。その一手段として、民間に任す方法もあるのではないか。国家がよみがえることができるのであれば、何十万人もの高齢者は「国のため、若者のためなら我々の年金は辞退する」という言葉が聞けるほど、日本人は民度が高い国民と信じている。

　モリカケや花見会など些細な問題を、野党やマスコミはいつまでも引きずっているが、年金問題に大きくメスを入れれば国民から高い信頼が得られるのだが。

若者の製造業離れを何としても食い止める

　2019年の出生数は90万人を下回り、団塊世代の260万人台と比べて3分の1以下となった。私は、これにより製造業離れがますます広がることを懸念している。ご存知のように日本は長年、財政赤字に苦しんできたが、もしその上製造業の衰退と後退で貿易赤字になれば、世界からの信用・信頼は見る影もなくなるであろうし、最貧国になることもあり得る。

　現在、自動車や工作機械、特殊材料は言うに及ばず、ジャパンブランドの食料品など幅広い商品を輸出しているが、日本の強みとは何だろうか。金融や軍事力、資源でもなく、食料や燃料はほとんど輸入品で賄われている国なのだ。日本が外貨を稼げなくなり信用が地に落ちれば、輸入枠は制限され、輸入価格も一気に割高になる。したがって、先進国型の生活ができなくなることを覚悟する必要がある。

過去より現在まで、世界が日本を高く評価する主な理由は〝モノづくり力〟と〝日本国民の教育と民度の高さ〟であろう。全国民が製造業に関わる必要はないが、モノづくり国家として今後も年々発展することが、日本が先進国を維持していく絶対的な条件である。日本のお家芸であるモノづくりにおいて、世界をリードし続けることをおろそかにすると日本の将来はない。

このような意味合いから、日本の製造業に対する若者離れは、国家の滅亡につながるといっても過言ではない。若者が製造業を見下し、近隣諸国に後れを取れば、日本は先進国から脱落することもあり得る。双子の赤字が続けば経済は冷え込み、世界から信用を失うと株は大暴落し、企業は大幅なリストラに走っていずれ若者が就職することすら困難な貧困国家となるだろう。昔ながらの町工場のような3Kと呼ばれる製造業は、今や淘汰され、魅力的な職場へと変貌している。外貨収入を減らさないためにも、日本人が得意とするモノづくりを発展させることに注視しなければならないことを理解して欲しい。

現在、大半の製造業は最新の設備と匠の技を持つ多数の技術者を抱えている。次世代を担う若者に技術の継承をするのは今しかない。日本の製造業が後退することは〝天下の一大事〟な

生き生きとモノづくりに携わることができる環境

のだ。日本独自の技術を、3年ビザで就労する漢字が理解できない外国人に任せているようでは、モノづくりの経験や技術の継承と蓄積ができるはずもないし、近隣工業国の後塵を拝することとなる。優秀な若者がモノづくりで活躍することを切に期待したい。

財政赤字は心配ない？

私は30年以上にわたり、年々増加する財政赤字を注視してきたが、有名な経済学者たちから「気にするほどではない」という3つの論評を聞いた。それが事実であれば大変結構なことだが、果たして本当にそうだろうか。私なりの考えを述べたい。

1 1114兆円（2020年5月9日時点）の国家の赤字に対して、外国から借りた金ではないから心配ない

↓海外からの借金は返済しなければならないが、国内であれば返さなくてよいということだろうか。そうであれば間違いだ。

2 巨額の赤字は事実だが、国には財産がある

↓国家に3000兆円の財産があり、1500兆円の借り入れであれば、しばらくは借金できる。しかし、財産以上の赤字は国であれ個人であれ、これ以上赤字を増やすことは良く

ない。

3財政赤字は巨額だが、日本国民にはそれと同額の個人預金がある

↓会社の借り入れが10億円あり、それを銀行に返済できないからといって社員の預金を使うことは絶対にできないし、あってはならない。国家の赤字であればなおさらだ。

海外に流出する日本人技術者

当社がＣＡＤ／ＣＡＭを導入したのは１９８３年だった。それから数年後、それなりの成果が出た。その情報を、日本の商社を通じて知ったサムスンとそのサプライヤーから、システムの紹介と講演を依頼された。その時期、韓国でのＣＡＤ導入は時期尚早と思っていた。なぜなら、単に設計時間の短縮だけを目的とした高価なソフト導入はペイできないからだ。設計後、ＮＣ機との無人加工の連携で、初めて効果が出るのである。

当時、ＮＣ機の独壇場だった日本の高価なマシンを、韓国ウォンで複数台導入するのはあまりにもリスクが大きかっただろう。ＣＡＤシステムの紹介と説明で言語の心配をしたが、韓国には多くの日本人技術者が存在することで全く問題がなかった。彼らの話を総合すると、当時サムスンには金型コンサルタントや設計、仕上げなど優れた日本人技術者が２００人以上いる

ことを知った。私なりにその理由について調査したことを述べたい。

それは、日本人の金型技術者の給与が安過ぎることだろう。第2次世界大戦の前後、米国の製造業がパワフルだった頃、同国の金型技術者は高級車に乗り、トランクには独自の治工具を備え、金型企業に自身の技術を高額で売り込んでいたという。高級な社交場では、医者や弁護士、有名スポーツマンと同格で遊べたのだ。

日本人は生まれつきモノづくりのDNAを持っているためか、学歴に関係なくモノづくりの技術者が多く育った。日本企業のほとんどは終身雇用のため、金型技術者だけの特別待遇が困難なのだ。バブル崩壊後の円高による不況で工作機械および金型メーカーは大幅なリストラを行った。給与の高いベテラン技術者が餌食となった。彼らは長年会社に貢献したにもかかわらず、このような仕打ちを受けて反発した。台湾に渡った工作機械メーカーの技術者は「日本より良い機械を作ろう」などと考え、懸命に努力したという。

サムスンに就職した日本人技術者たちは、自分たちが持っている技術を習得されるや数年で解雇される例が多い。日本企業もそのように身勝手な人事ができるのであれば、欧米の技術者を数年間採用して3倍の給与を支払うことができるのだが。

第2章

日本の技術力

２０１５年10月に出版した私の２度目の著書「ニッポンのスゴい親父力経営」から５年が経過した。この間、世界経済や安全保障のみならず、モノづくり国の勢力図や各国の成長模様が大幅に変化してきた。年間70日近く海外に出掛ける私は日本の強さと弱さ、良さと悪さの情報が容易に入手できる。先進国化し、平和ボケしているといわれる日本になったが、今も他国にはない、素晴らしく良いものを多数持っている。しかし、周辺諸国の経済的、技術的な成長を目前にして、将来の日本を案じざるを得ない思いである。

日本に対する各国の信頼感が増している

団塊の世代の我々は、現在の若者より苦労が多かったことは事実だが、彼らよりもはるかに良い体験と経験ができたと思っている。次世代の日本を背負って立たねばならない若者が、過去の我々より良い思いができることが、間違いなく日本の成長につながる。敗戦で焦土と化した日本は、他国に見られない短期間に産業力と技術力を積み重ねてきた。戦後わずか19年目に、世界初の高速鉄道を開通させオリンピックを開催できたが、このような芸当をやってのける国は世界で例がない。

ところが、最近では賃金水準が低いだけの理由で、日本が得意とする工業製品が海外に取って代わられていることは、日本人に何らかの油断と怠慢があったのではないだろうか。当初、予定していた２０２２年の出版時期を繰り上げることにしたのは、特にモノづくりに携わる若者に一刻も早く、私が経験したことと海外事情の変貌を伝えたかったからである。分かりやすく伝える意味から忌憚なく率直に述べるが、政府や自治体、諸外国、多くの業種で活躍中されるみなさんから反論や批判を頂くことは覚悟の上である。

１９９０年頃まで海外を訪問した際、日本人に対する信頼感や評価は想像以上で、当時は海外に出ることが楽しみだった。その頃、私のような経営者や営業をしている者より、日本人技術者は特に優遇されていた。それほど日本の技術や工業製品が図抜けており、技術者へのおもてなしが大いに流行っていた。その後、平成の不景気で〝失われた10年、20年〟といわれていた時期の日本の存在感は惨めなものとなった。しかし近年、日本に対して信頼や尊敬、注目が再び高まってきたが、その理由を振り返りたい。

日本のノーベル賞受賞にアジアから羨望の眼差し

２０１８年秋、京都大学高等特別研究院の本庶佑特別教授がノーベル医学生理学賞を受賞した。がん細胞を攻撃する免疫細胞にブレーキを掛けるタンパク質を発見し、画期的な免疫療法に結びつけたというもので、がんの心配をしなければならない年になった我々の世代にも心強い発見だ。

また2019年秋には、リチウムイオン電池を開発した吉野彰氏ら3人がノーベル化学賞を受賞した。リチウムイオン電池は世界で何十億人のポケットに入っているほか、工場やオフィスでなくてはならない商品となった。そして奇しくも2020年3月、海上自衛隊が世界初のリチウムイオン電池を搭載した潜水艦「おうりゅう」を導入した。爆発しやすい同電池の安全性の課題をクリアし、潜水行動範囲を2倍にした敵国にとって恐ろしい画期的な兵器となった。原子力潜水艦には勝てないであろうとの声もあるが、大洋をまたいで作戦を行う戦略兵器を日本は必要としない。

多くの韓国人がこのリチウムイオン電池に驚愕している。同国のマスコミは日本人の偉業を伝えておらず、サムスンの開発品と思っていたのだ。しかし、これほど画期的な電池の製造で稼いでいるのは中国だ。日本はこのことを反省し、今後は国を挙げて国内で量産し、毎年大きな利益を上げられるようにすべきだ。

ノーベル賞に吉野氏

化学賞

リチウムイオン電池開発

スウェーデン王立科学アカデミーは9日、2019年のノーベル化学賞を、旭化成の吉野彰名誉フェロー(71)と米テキサス大学オースティン校のジョン・グッドイナフ教授(97)、米ニューヨーク州立大学ビンガムトン校のマイケル・スタンリー・ウィッティンガム特別教授(77)の3氏に贈ると発表した。受賞理由は「リチウムイオン電池の開発」。リチウムイオン電池は、最も多くのエネルギーを蓄えられる二次電池。携帯電話やノートパソコンなどの小型化や軽量化に貢献、IT社会の実現を支えた。（3面に関連記事・最終面に「深層断面」）

吉野名誉フェローは9日、都内で会見し、「リチウムイオン電池が、環境問題の答えを出してくれることに期待してくれた。リチウムイオン電池が受賞対象になったことがうれしい。若い研究者の励みになると思う」と喜びを語った。

日本出身のノーベル賞受賞者は27人目。生理学医学賞を受賞した本庶佑京都大学特別教授に続き、2年連続での日本人の受賞となった。化学賞の受賞は10年の根岸英一氏、鈴木章氏の受賞以来、9年ぶり8人目。賞金900万スウェーデン・クローナ（約9700万円）を3氏で等分する。授賞式は12月10日にスウェーデン・ストックホルムで開かれる。

電池は電子を得る「正極」と電子を失う「負極」、その二つの電極の間を満たす電解液を介して電流を生み出す。それぞれに使う材料やその組み合わせで性能が大きく変わる。

吉野名誉フェローは80年代、正極にコバルト酸リチウム、負極に炭素材料、電解液には有機溶媒を使うと高性能な二次電池として機能することを確かめ、その基本概念を確立。リチウムイオン電池はこの構成を基本にこれまで発展してきた。

グッドイナフ教授は79年、水島公一東芝研究開発センターフロンティアリサーチラボラトリーエグゼクティブフェローとともにコバルト酸リチウムが二次電池の正極として利用できることを発見した。エネルギー密度を大きく向上させ、リチウムイオン電池の実現に不可欠な業績を残した。

リチウムイオン電池の性能は、材料や製造法の改良で現在も向上を続けている。電気自動車（EV）での利用、さらに太陽光発電などの電力貯蔵でも研究が進み、環境問題解決への貢献も期待される。

今後の使われ方について吉野氏は「人工知能（AI）やIoT（モノのインターネット）と組み合わせて広がりを見せるかもしれない」と期待をかける。

旭化成 名誉フェロー　吉野 彰氏

よしの・あきら　70年（昭45）京大工卒、72年同大院工学研究科修士課程修了。同年旭化成工業（現旭化成）入社。82年旭化成川崎技術研究所、92年同イオン二次電池事業推進部商品開発グループ長、94年エイ・ティーバッテリー技術開発担当部長、97年同イオン二次電池事業グループ長、01年同電池材料事業開発室長、03年旭化成グループフェロー、05年同吉野研究室室長。15年同顧問、17年同名誉フェロー。リチウムイオン電池材料評価研究センター理事長。九大訪問教授、名城大教授。99年化学技術賞、04年紫綬褒章、18年日本国際賞など。大阪府出身。

米テキサス大学オースティン校教授
ジョン・グッドイナフ氏

1922年ドイツ生まれ。52年シカゴ大博士号取得。51年米ウエスチングハウス・エレクトリック研究技術者、52年米マサチューセッツ工科大リンカーン研究所グループリーダー、76年英オックスフォード大教授、86年米テキサス大オースティン校教授。

米ニューヨーク州立大学ビンガムトン校特別教授
マイケル・スタンリー・ウィッティンガム氏

1941年英国生まれ。68年オックスフォード大学で博士号取得。72年からエクソン・リサーチ・アンド・エンジニアリング・カンパニーに在籍。88年から現職。

吉野彰氏のノーベル化学賞受賞を伝える報道記事
（「日刊工業新聞」2019年10月10日付）

日本への尊敬が復活

反日といわれる国からの来日が急増している。彼らはイメージしていた日本との相違に仰天した。観光地はもちろんどこを訪れても、ゴミ箱がほとんど見当たらないにもかかわらず、ゴミ一つ落ちていない。外出時に出たゴミを各自が家に持ち帰ることを知った中国人が絶句したのが滑稽だった。日本人は反日国家の国民にさえ、平等に親切で礼儀正しい。中国や韓国の旅行者は、ほぼ全員が日本に好印象を持って帰国するとされ、「教育で受けた日本と全く異なる。正しい日本を紹介することでわが国も良くなる」との声が多い。こうした民度の高さがノーベル賞獲得と関係があるのか、という論評が中国で放送されていた。

過去には1年前後で総理大臣が代わっていたことで、諸外国では私が思う以上に評価が下がっていた。今や安倍総理は世界のリーダーとして存在感が増し、南シナ海で暴挙に出る中国に対して「日本に頑張ってもらいたい」と支持する周辺諸国の声は非常に大きい。安倍総理に反発しているのは日本の野党とマスコミ、韓国人だけだろう。そしてアジア諸国から日本に対する尊敬が復活した大きな理由には、経済が回復してきたことと、毎年のようにノーベル賞を受賞することにも関係がある。

ノーベル賞の受賞はアジアでは日本がダントツに多く、世界でも3番目だ。香港の知人は「日本がノーベル賞を受賞してくれているので、アジア人が欧米諸国から舐められなくて済む」と言った。毎年のように受賞している日本に、中韓両国の国民は我々が思う以上に残念がっているが、その一方で、広い分野のノーベル賞受賞にはアジアの国々だけでなく、中国人でさえアジアの誇りだと言っている。ある中国人は、「日本がノーベル賞を取れるのは、紙幣を見たら分かる。中国の紙幣は毛沢東という偉人だ。しかし、日本では科学者や教育者が起用される。科学者が尊敬されている日本ならではだ」と言った。

ノーベル賞から遠い中韓

海外に進出した日本企業のすべてとはいえないが、現地に対する貢献（雇用・正直な納税・マナー）は概ね突出している。日本企業は、１９９０年代からマーケットの大きい中国への進出を加速させた。その結果、現地に移転した技術をパクられた事例は数えきれない。中国での雇用は増大し、世界各国へ洪水のように製品を輸出して外貨の獲得にも協力したが、これが米中の大きな貿易問題となってきた。

米国ではＮＡＳＡをはじめ公的機関や企業でも膨大な予算を使い、基礎研究分野では世界一だ。日本でも、理化学研究所をはじめ大手製造業で基礎研究は幅広く行われている。世界の特許取得は1位が中国、2位米国、3位日本となっている。しかし、中国は基礎研究分野をおろそかにしているがため、ノーベル賞の受賞につながらない。

一方、韓国はどうか。サムスン飛躍のスタートは半導体と液晶、有機ELからだったことは後ほど述べる。世界でトップクラスの売上と利益を出したことで、日本を完全に追い越したとすべての韓国人は自信をつけたようだ。

しかし、ホワイト国から除外されたのを機に、フッ化水素や半導体製造設備、大半の特殊材料が日本の製品であることが知れ渡った。日本の優れた技術のおかげでサムスンが飛躍できたのに、韓国のマスコミは自国に都合の悪いことを一切報道してこなかったからだ。それどころか、今度は日本製品の不買運動や日本旅行の中止、Ｎｏ安倍キャンペーンに続き、オリンピックのボイコットを示唆したり放射能を理由にオリンピック選手のための食品空輸をしたりするなど、嫌がらせは後を絶たない。

なぜか日本人は教えたがり屋が多いが、文政権発足以来韓国の反日運動のエスカレートに嫌気がさし、日本人は韓国に愛想を尽かしてしまった。基礎研究などを日本から学んできた韓国ゆえに、ノーベル賞受賞の可能性は反日が続く限り、今後も期待できない。

今後の主流は電気自動車かハイブリッド車か

大学の講義や一般の講演でよく受ける質問に、「電気自動車（ＥＶ）が主流になればエンジンやラジエター、マフラー、ミッションを生産する企業には向かい風になる。ＥＶは電機メーカーでも簡単に製造できるようになり、部品点数は大幅に減少する。日本の自動車メーカーは再編が迫られるのでは？」というものがある。私の会社も生産量の90％以上を自動車部品が占めているが、こうした質問には楽観的な回答をしているし、今後、クルマの主流はますますハイブリッド車（ＨＶ）になるだろうと予想している。

ＨＶが主流になる理由は次の２つである。

根拠その１。ＥＶは無公害車といわれるが、それに使う電気を作る発電所では石油や石炭を使用する。一方、全世界のクルマがすべてＨＶになれば、世界のガソリン消費量は一気に60％ほど減少する。化石燃料削減でＨＶに勝るクルマは、現在のところ存在しない。

根拠その２。「電機メーカーでもＥＶは容易に生産できる」とは、クルマの技術をまるで理解していないマスコミが放った情報だろう。安全なクルマの生産は決して簡単ではない。

日本の自動車メーカーでは、万が一でも人命に関わる機能を持つ製品には何百万回、かつ１

年間不休で耐久テストを実施している。「そこまで必要か？」と思ってしまうほどである。

２０１９年に米国の調査会社が、「15年以上乗っている車種の上位20位まではすべて日本車」と発表したように、世界中で日本車に対する信頼は高い。高温多湿や超低温試験室で繰り返しテストするのは、砂漠や極寒地でのクルマの故障は死につながるからだ。日本車が日本での評価以上に海外での信頼が高いのは、こうした理由からきている。中国や欧米の自動車メーカーは、日本のメーカーによるＨＶの性能に脅威を感じているに違いない。

トヨタ自動車はＨＶの特許を世界に無償開放していると認識しているが、これは世界的にCO_2を減らしたいとの判断に基づいている。その技術を使って他国のメーカーがＨＶを生産する頃、同社のシステムはさらに強力になっているし、同時に小型で高性能、低価格化ができるという自信もあるのだろう。

各国が特許公開されているＨＶではなくＥＶにこだわる理由は、日本の自動車メーカーにＨＶでは対抗できないと判断したからであろう。かつて冬季オリンピックのジャンプ競技で、日本人選手がメダルを独占した。すると背丈に合わせたスキー板の長さを変更し、日本人に勝たせないようなルールにしたが、製造業でも同様に日本の締め出しを図ろうとしていることに似ている。

南米や南アフリカなどにも今後クルマが普及していくことを考えれば、クルマの増産は年々

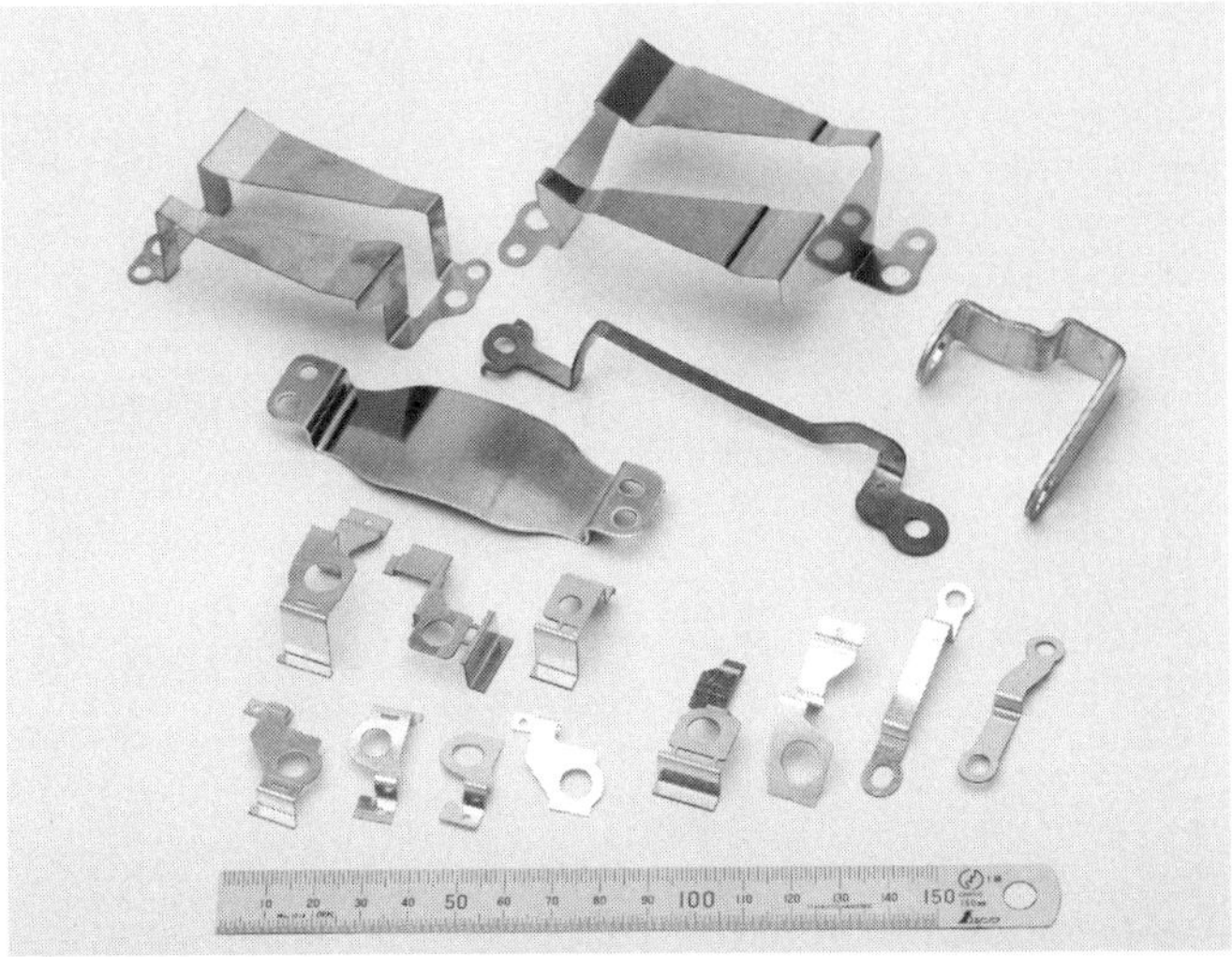

受注が順調に伸びている HV 用部品

当社で生産している部品の一例

続くだろう。その増産分がすべてＥＶに取って代わることすら困難だ。しかし中国やカリフォルニア州では、ある時期以降はＥＶでなければ購入許可を出せないと発表しているが、その時期になれば大いに慌てることとなると予言する。

最近、中国はプラグインＨＶ（ＰＨＶ）をＥＶと認めたが、日本のＨＶの実力と良さを見抜いたと思われる。また、日本メーカーと技術移転契約ができたのだろうか。数年後には世界的にＰＨＶブームが来ると断言できる。

橋本教授のＨＶ評価

日頃、頻繁に情報交換させて頂いている政策研究大学院大学の橋本久義名誉教授が、ＥＶに関する貴重な資料を送ってくださった。私の考えと一致するＨＶの評価を紹介したい。

▼経産省は将来、ＥＶが10～20％と予想しているが２％程度だろう。

▼中国のＢＹＤというバッテリー屋がクルマ屋に参入したが、うまくいかず、つぶれそうな自動車会社を買収してやっと生産できた。冷蔵庫やテレビが故障しても人が死ぬことはないが、安全に対して真摯に考えた経験のない企業で生産するのは不可能に近い。

▼世界にはマイナス40℃を記録する地域がある。山中で脱輪・故障するほか高速道路で大渋

滞した際にヒーターを使うが、温度差40℃以上の暖を取るのに何時間賄うことが可能か。電気を使い切ると同時に凍死してしまう。一方、冷房であれば10℃ほど冷やせばよいだけだ。

▼片側2車線の高速道路で、仮にEVが40㎞にわたって渋滞すれば1万2000台が立ち往生することになる。こうなると充電はできない。ガソリン車なら、一部ガス欠になったとしてもポリタンク一杯運べば十分動かせる。

▼EVの走行距離が短いことは知られているが、8年以上も使用すれば能力は大きく低下する。取換費用や電池の廃棄方法なども将来問題となる。

▼リチウムイオン電池にはリチウムとコバルトが必要だ。リチウムは南米に無限にあるが、コバルトは埋蔵量が有限でコンゴ共和国にしかない。そのコンゴには内戦時代から中国が平和維持のために人民解放軍を派遣しており、コンゴ政府との関係は堅固。また、コンゴで最大のコバルト鉱山は中国が買収している。

以上の理由により、EVの将来性に関して、マスコミの評価が独り歩きしているといわざるを得ない。

インフラの完備

21世紀の初頭まで、バンコクの交通渋滞は世界で最悪といわれていた。現在は高架道路や鉄道が通り、素晴らしい開発が進んだ。一方、マニラやジャカルタではラッシュ時、1㎞の距離で30分以上掛かることは珍しくない。1400万人近い人口を抱える東京はラッシュ時でもスムーズに走れるが、これは地下鉄のおかげだ。東京に地下鉄がなかったらと考えるだけで恐ろしい。全都民がクルマで通勤すると、渋滞で時間通りには移動できないし、燃料の大量消費で大気汚染は深刻では済まないレベルになるだろう。地下鉄だけでなく全国津々浦々まで列車で行ける日本人は、改めて世界でも例のないインフラ完備で恩恵を受けていることを認識しよう。しかし反面、諸手を挙げて喜べないことも忘れてはならない。

なぜなら高速道路や架橋、トンネルはもとより、あまねく全国に張り巡らされている水道、電気、下水、ガスなどの公共事業がいずれも施工から半世紀が過ぎ、耐用年数が迫っているのだ。それらの施設の再整備が必要となってきた。少子高齢化により、高齢者への年金原資として若者への負担増などが問題視されていることはすでに述べた。同様に膨大なコストが掛かるインフラ設備の再整備費を、人口減になってからの予算を想像するだけで恐ろしくなる。昭和

ジャカルタの高速道路の渋滞は世界有数

の時代を生きた我々が、若者にとって将来も住みやすい日本を維持できるよう長期計画をもとに、真剣に対策を進めなければならない。全国の選挙民から選ばれた国会議員は地元にお返しをしたいことは理解できるが、迫りつつあるインフラの老朽化に対する補修予算が最優先になるし、その額が半端ではないことを忘れてはならない。

お隣の韓国も、多くのインフラの耐用年数が近づいてきている。韓国政府は日本の大手建設業に、大規模の改修工事に技術支援を要請しているそうだ。しかし同時に、韓国政府は日本と戦争をしたことがないにもかかわらず、多くの企業を戦犯企業と決めつけてリストまで作成した。そんな韓国のインフラ改修工事に、日本企業が手を貸すことはあるまい。韓国人の15万人以上が志願して日本軍人として戦ってくれた。特攻隊にも20人ほど志願したと聞いたが、日本人として彼らには心より感謝しなければならない。近年韓国から〝戦犯国、戦犯企業〟とよく聞かされるが、参戦した韓国人兵士も戦犯なのかと問いたい。

台湾では韓国より植民地の期間は長かった。（正確には韓国は併合したのであり植民地ではない）その間、インフラ構築を進める日本企業の貢献に対し、「台湾を良い国にしてくださった」と彼らは今も感謝している。同じ行為をしていたというより、台湾よりレベルの高い企業が韓国に貢献したにもかかわらず、韓国の反日はみなさんもご承知のように今も続く。今後、国家間の良い関係を続けるのにどちらが適しているかは明白であろう。

アセアン諸国では日本企業と合弁会社設立が流行

日本には幅広い技術力と経験があり、信頼できる民度の高さと金銭感覚、マナーの良さを持ち、アジア各国では日本企業と合弁会社を設立することはステータスになっている。日本は需要と供給のバランスがサプライヤーに不利となっているので、ライバル企業が少なく、受注しやすいアジアの国へ進出しようとする企業は少なくない。マーケットの大きい国に出れば受注が容易であることは事実だが、十分慎重に検討しなければならない。

合弁企業の設立を希望する相手と会えば、彼らは最高級の接待を仕掛けてくるから、それに感激したり信用したりしてはならない。資金の話し合いになれば途端に人格が変貌し、社員の教育方法や将来の利益計画、設備投資に大きな食い違いが出てくる。一般的に設立後2〜3年で彼らは大きな配当を希望するが、高精度な製品を生産する企業ほど長期間の教育が必要だ。それを理解できる外国人企業家は稀である。さらに、日本人で経営から技術、営業などを英語でこなせる人材は極めて少ないことが、合弁相手側を有利に導く。今後、海外進出を企画する企業は何度も相手国を訪問し、十二分に情報をとった方がいい。そして、すでに進出した企業から最新の正しい情報を貰うことが大切だ。

安全保障と日本の技術力

中国は、「強い武力があれば他国を侵略できる」と、20世紀までの植民地を正当化する考えを持った世界唯一の国といえる。こんな厄介な国と北朝鮮、韓国が日本の隣にあることは不運としかいいようがない。安倍総理が憲法改正に熱心なのは、こうした地政学的な見地からきているのだろう。野党やマスコミは安倍総理が戦争をしたがっているというが、とんでもない間違いだ。隣国がニュージランドやスイスのような平和な国であったら、憲法改正や軍事費の増大など進める必要はない。

北朝鮮でさえ核兵器やミサイルを備え、近年では潜水艦からのミサイル発射試験に成功している。周辺国軍用機の領空侵犯は年間1000回に上り、中国軍の尖閣列島への侵犯は日常茶飯事だ。日本の周辺は、過去の平和な状況とは大きく異なっている。この異常な侵犯は、日本の憲法9条（自衛隊機からの発砲はあり得ないこと）を知る彼らが日本を舐め切っている証拠である。中国の防衛費は日本の4倍以上といわれている。抑止力を持つために、日本の防衛費の増額が検討されている。

私は国内外に対してても正論をズバリ発信することで、周囲からは〝右っぽいオジサン〟と思われているに違いない。軍事費についても当然、増額に賛成すると思われるだろうが、それは違う。社会保険庁の長年の無策から、将来の年金に不安を持つ国民は多い。1960年代からインフラ構築に莫大な投資を行ってきたが、あらゆる公共投資物件が寿命を迎えつつあることは前に触れた。少子化により人口減になった近未来に、天文学的な補修工事がスタートする。定期的に不景気が到来し、税収が大幅に減少する時期も来るだろう。近隣諸国事情により国防費の増額は必要だろうが、前記した予算の方が重要なのだ。

日本の国力と国民が平和を満喫するために防衛費の増額が必要だろうが、残念ながら増やせないし、やり方次第で増やす必要がないと考えている。日本には幅広い世界有数の技術があるからだ。仮にアラブの裕福な国が日本以上に軍事費を費やしても、他国との戦争に勝てないだろう。戦車すら製造できない国は、すべての兵器を輸入に頼らねばならない。兵器のメンテナンスや弾薬の補充を止められると即刻、敗戦を意味する。

日本は永久に海外侵略をしない

他国を侵略するには現在の防衛費を5倍以上必要とするが、これは過去の失敗からあり得ない。日本を攻撃する国に対して、強力な抑止力を持てばいいのだ。ここで日本の技術力が生きてくる。わが国では一機１００億円を超える戦闘機を5年間で１００機以上導入するが、その予算の分配を考慮し、国産で抑止力のある武器を導入するべきだ。そして5兆円の国防費を、できる限り日本の製造業に発注するべきだ。これで技術の蓄積ができるし、海外への輸出も期待できる。国内で最新の武器が生産できることも抑止力となる。

少子化のため、自衛隊員の採用は年々困難になるといわれている。国防費の半分は人件費だそうだが、減少した隊員の給与を武器製造に回せばよい。航空と海上自衛隊の質は世界有数で、敵が日本に上陸することは簡単ではない。まして、陸自が外国を占領する可能性は全くないため、陸自の隊員数は多少減少してもいいのではないか。

日本のモノづくり力を外交の切り札に

覇権国の米国は軍事や経済、技術、金融で自国を脅かそうとするいかなる国をも常に叩いてきた。1970年代後半より米国が得意としていた半導体の生産で、日本が世界シェアの60％を超えた。米国はこれに危機感を持ち、半導体の生産を韓国へ仕向けた。1972年まで多くの韓国兵士がベトナムで、米軍とともに戦ってくれた恩義もあったのだろう。

日本はさらに、半導体に報復関税を掛けられたことと、プラザ合意で急激な円高に誘導されたことにより、すべての製造業は窮地に陥った。これが、失われた20年のスタートだ。国中が不景気に突入し、日本のハイテクメーカーの技術者や金型技術者が毎年100人以上もサムスンやLGに引き抜かれたのだ。

日本の技術力に再び脚光

以来30年が経過し、幸いなことに近年、多くの国々から再び日本のすごさが注目され始めた。

それは、時速600㎞を超える世界最速のリニアモーターカーであり、小惑星に探査機を着陸させ石を持ち帰った技術、30回連続衛星の打ち上げに成功しているH-ⅡAロケット技術、簡単に兵器に転用できる固体ロケット技術は世界のトップレベルで、特殊材料のラインアップも断トツの世界一だ。

世界で宇部興産と日本カーボンしか生産できない超高温に耐える材料が開発されたことで、低燃費のジェットエンジン生産で世界のシェアを握る日も遠くない。金型技術は言うに及ばず、日本にしかない超精密工作機械も少なくない。

私は若い頃、外交官になりたかったが、親の後継ぎ希望に加え、学力と語学力の不足で志望しても難しかっただろう。そんな理由で長期間、日本の外交を興味深く注視してきた。

日本の外務省は世界一お人好しに見えるし、独特の紳士的な対応が国家に損害を与えているのではないだろうか。国家間に難題が生じると話し合いで済まそうとするが、これでは世界を相手に有利な交渉はあり得ない。交渉しながら同時に、腰には刀を隠し持ち進めるのが外交の基本だ。強い軍事力なくして、有利な交渉ができないことは世界の掟である。

仮に日本の軍事力が強力だとしても、それを前面に出せないのがわが国の憲法だ。基軸通貨でも優位に立てない日本が世界に通用する外交のカードは〝モノづくり力〟ではないだろうか。資源はなく、外交はお人好しで、憲法で制約のある軍事力では強い先進国としてふるまうことは困難なのだ。

21世紀に入り、日本の若者は残念ながらモノづくりに興味がなくなったように思える。少子化の影響で製造業に飛び込む優秀な若者が減りつつある。そうした理由から、私は2015年に2冊目の著書『ニッポンのスゴい親父力経営』を出版した。日本が並の製造国に落ちれば、従来のような先進国型の国家力は維持できないことなどに警鐘を鳴らした。

評論家の櫻井よしこ氏に原稿を送ったところ、「これは良い本だ。推薦したい」と帯に写真付きでコメントを頂いた。それは、〝世界に誇るモノづくりの力が日本外交最強の切り札になる。現場に徹する伊藤澄夫氏の言葉が、ストンと胸に落ちた〟というもの。余談だがこの推薦文に謝礼を申し出たが、受け取っていただけなかった。

日韓の技術力の実態

2020年に入って以降、韓国から日本へ理不尽な事例がさらに頻発し、政府以上に多くの日本国民はいつになく反発。これがきっかけになり、2004年にホワイト国になった韓国を除外した。一定の手続きをすればフッ化水素などを容易に輸入できるにもかかわらず、韓国で大騒ぎとなり、多くの国民はなぜ韓国があれほど騒ぐのかに驚いただろう。しかし、モノづくりに携わる私には、韓国のショックを十分に理解できる。韓国はほかにも半導体のウエハーな

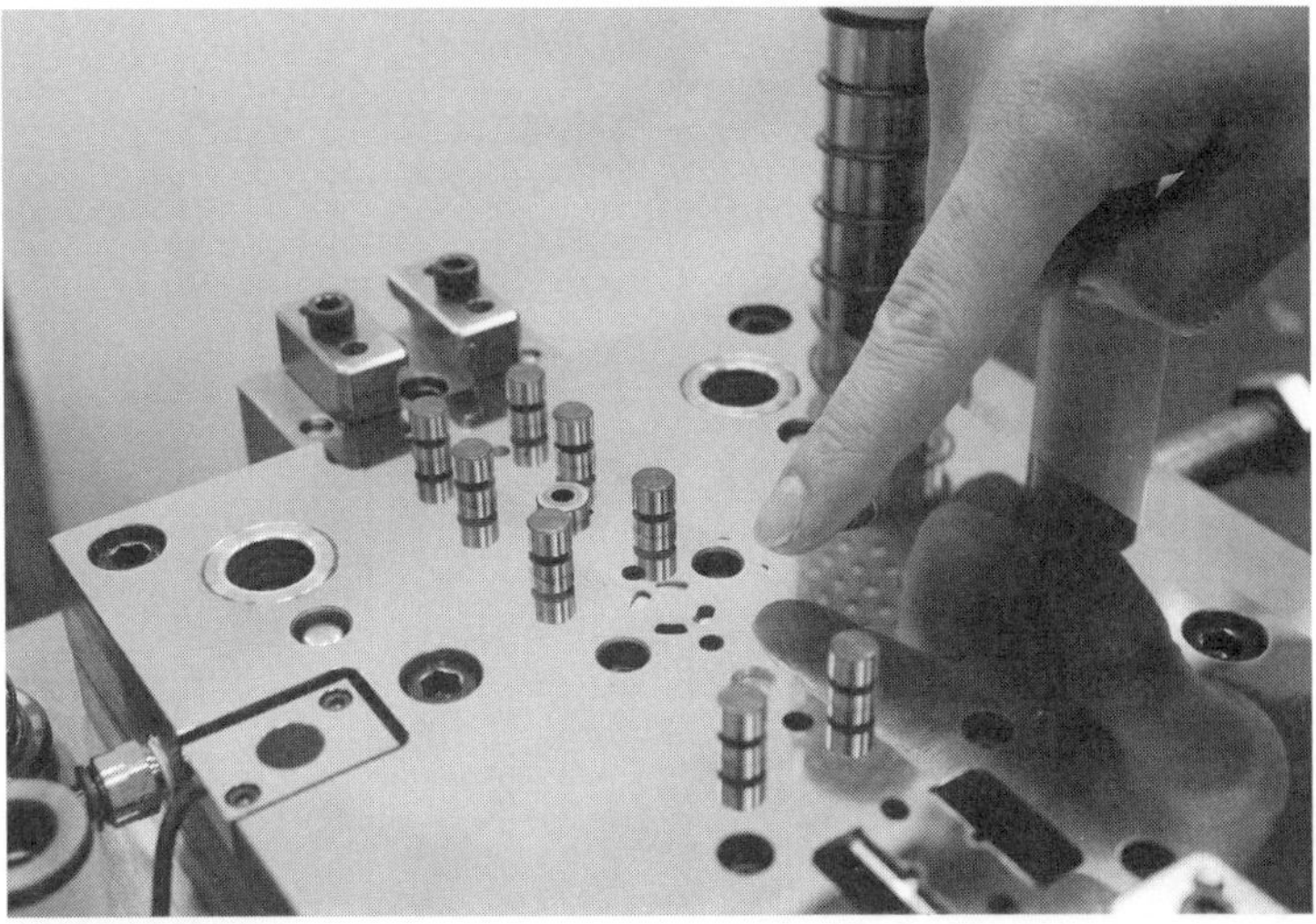

超精密研削加工による金型鏡面仕上げプレート

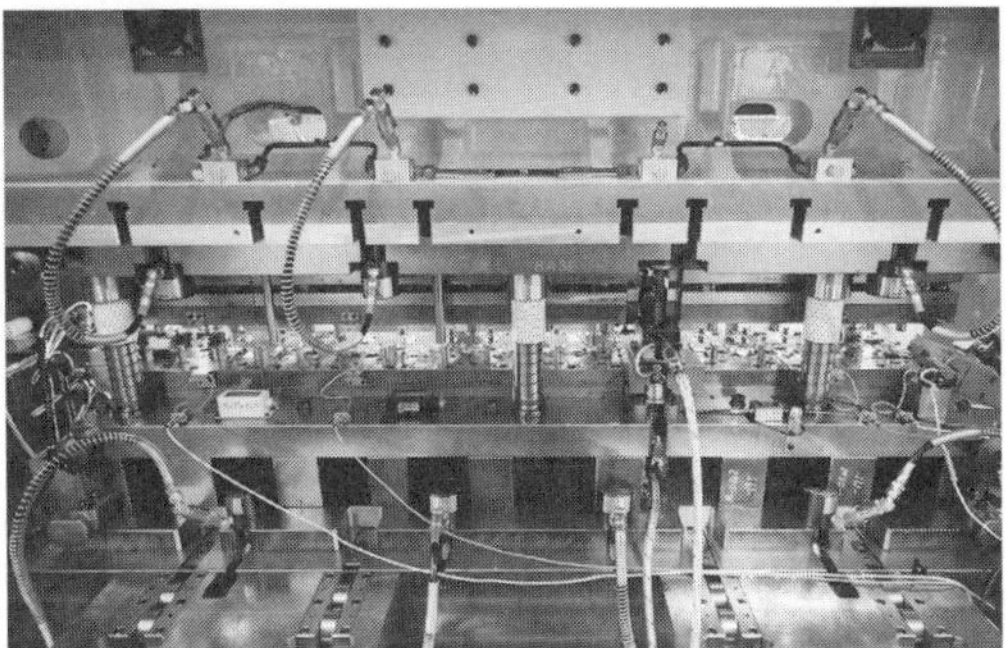

高精度を要求される順送り金型

どの材料や精密工作機械、試験機などを、ほぼ日本に頼っていることはすでに述べた。日本が韓国から輸入に頼らねばならない製品はほとんどないが、韓国は1000点以上の工業製品の一部でも日本から輸入不可となれば、製造業は成り立たない。このように日韓間には比較にならない技術差があるのに、日本製品の不買運動をすることが韓国の国益に反することすら理解できないのだろうか。

過去には、中国がレアメタルの出荷を止めるとの発表に、日本企業が大騒ぎをした。レアメタルが日本にないのは事実だが、中国にはない特殊材料や精密工作機械など少なく見ても500種はある。日本がなぜ、これを武器に対抗しなかったのかが不思議だ。

やられたらやり返す行為は品位に欠ける、と考える日本人は多い。しかし、国家間では、対抗しなければさらに次の嫌がらせが来る。それを止める意味でも、反撃することが国際外交の常識である。日本人が得意なモノづくりに今後も磨きを掛け、世界のユーザーが飛びつく工業製品を作り続けることが日本の生きる道だ。そして、国家間の争いが発生したとき、日本には〝モノづくり力〟が外交の最強のカードになることを認識して頂きたい。

第3章

ピッカピカの誇れる会社を目指す

1965年に入社した私は、経験や知識がなかったにもかかわらず、会社を良くしたいという想いが頭から離れたことはなかった。入社50年後の創業70年を過ぎた頃になり、ようやく会社としての形ができてきた。半世紀にわたり会社を良くするために、私が貫いてきた事柄を4つに絞って振り返ってみたい。

その1▽社員を大切にする経営

「あの会社には技術がある」という表現は間違いだ。実際には「あの会社には素晴らしい技術者がいる」というのが正解であろう。何らかの事情により匠の技術者が退職したことで、一気に業績が下がった企業は少なからずあった。企業の大小を問わず、〝ピッカピカの会社〟でいられるのは、社員の管理力や技術力の高さに他ならない。

大学での講義や講演、新聞、雑誌などを通じて、私は「社員を大切にする経営」を常に発信している。これは法政大学の坂本光司元教授とも共有する理念だ。坂本元教授は「社員を大切にしている会社の多くが総じて利益を上げ、強靭な企業になっている」と論評する。

中小企業では優秀な若者の採用が極めて困難で、社員を大切にしない経営に未来はないといわれる。近年では少子化がさらに進み、採用難が中小企業にとって最大の課題となるだろう。

だからこそ、採用した社員を大切にし、高度な教育を施すことで企業は発展する。

どうすれば社員が仕事を楽しくでき、いかにすれば会社に対して希望を持ち続けられるのか。それをうまく誘導するのが私の永遠のテーマだ。知人からはジョークで、「顧客は大切ではないのか?」と指摘される。実は社員のレベルの高さと良き結束こそが顧客を大切にし、信頼を頂くための重要な要素で、企業が成長する最も大事な条件なのだ。

家族へのお年玉

当社は今年で創業75年を迎える。この長い期間、それほど大きな困難もなく継続できたことは、周囲のみなさんと良い関係を持ち続けられたことに尽きる。とりわけ社員を大切にし、家族のような関係を続けられてきたことが当社の強さであろう。

終戦直後のモノのない時代、作れば飛ぶように売れる状況の中で、中小企業は人材難に苦しめられた。当社もご多分に漏れず、有望な社員をふんだんに採用できた年は一度もなかっただけに、当社に入社してくれた社員への感謝の気持ちはこの上ないものだ。少子化が進み、中小企業では今後ますます採用難が予想されるが、中小企業の魅力や良さを満載した企業であり続けなければならない。

当時、母は社員が仕事を終えると、甘酒やぜんざい、寒天、焼き芋などを毎日のように振舞った。そんな親の背中を見て、私は社員を大切にする経営術を学んだ。親子で社員に様々な心遣いをしてきたが、この間の経営で社員から最も感謝された事例を紹介したい。

第2次オイルショックの前年、1978年の正月のことだ。12月初め、親父に「300万円の金を使いたい」とお願いした。この年、当社は過去にない業績を上げ、私は正月に社員の家族にお年玉をあげたいと考えた。母の心温まる甘酒も悪くないが、会社に利益が出たときくらいは小遣いが欲しい、と私でも考える。しかし、親父から「そんなことをして来年出せないと、社員から苦情が出るぞ」と言い返された。「もし苦情が出るなら、私が責任を持って言い含める」と言うと、「勝手にしろ！」と親父はしぶしぶ許してくれた。

私は親父に代わって次のような手紙を書き、元旦の午前中に家族宛の現金書留に入れたお年玉を送った。

「明けましておめでとうございます。ご家族のみなさん、当社はいろいろな面で昨年は最良の一年だったことをご報告いたします。売上高は過去最高を記録し、利益は法人の紳士録に掲載される4000万円に届きそうな額でした。社員の平素の努力と会社に対する協力を頂いた結果であることは言うに及ばず、常日頃、ご家族のみなさんの陰ながらのご支援があってこその結果と存じます。（中略）まことに些少で恐縮ですが、ご家族のみなさんへ私の感謝の気持

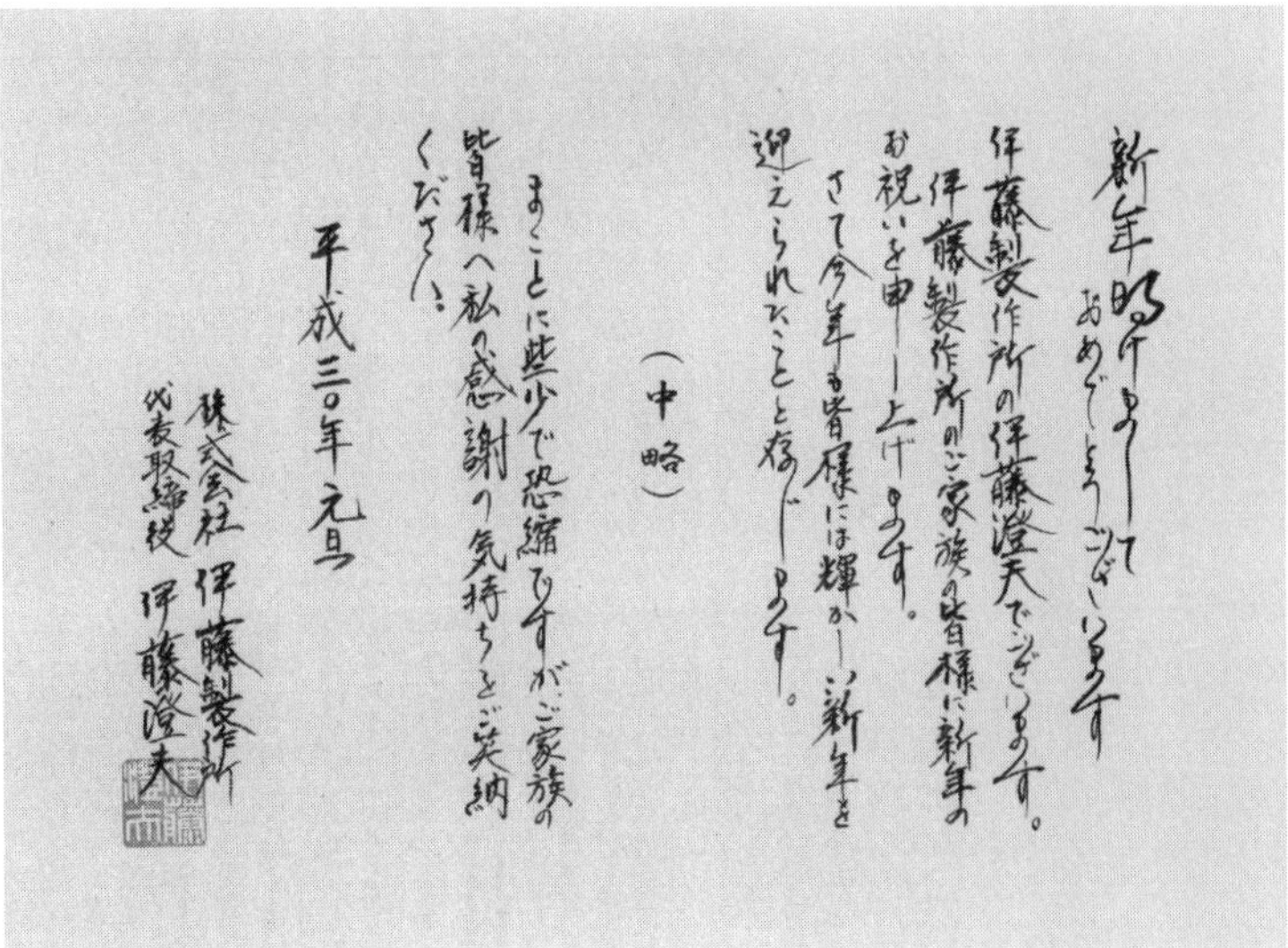

新年明けまして
おめでとうございます
伊藤製作所の伊藤澄夫でございます。
伊藤製作所のご家族の皆様に新年の
お祝いを申し上げます。
さて今年も皆様には輝かしい新年を
迎えられたことと存じます。

（中略）

まことに些少で恐縮ですがご家族の
皆様へ私の感謝の気持ちをご笑納
ください。

平成三〇年元旦
株式会社 伊藤製作所
代表取締役 伊藤澄夫

社員の家族に宛てた手紙

ちをご笑納ください。

昭和53年1月元旦　代表取締役社長　伊藤正一」

その後、8年に一度くらい、家族にお年玉を差し上げている。物価が安かった当時とはいえ、総額わずか300万円のプレゼントがきっかけとなり、それ以降は賞与や昇給、福利厚生などでの苦情が激減し、離職する者はほとんどいなくなり、風通しの良い社風ができたと自負している。メールやラインのなかったその時期、正月の休み明けには多くの家族が親父にお礼の電話を掛けてきた。喜んだ親父が「おまえ、本当に金の使い方が上手やな…」とつぶやいたことが忘れられない。

気配りの経営

日本人を採用し、「給料が高ければ文句はないだろう?」というやり方は通用しない。やりがいのある仕事や職場の雰囲気が良く、快適で安全な職場を提供するなど、企業として様々な気配りが必要だ。私は入社以来、社員が嬉しいと思うだろうことを数えきれないほど実施してきた。知人は、「利益が出ないときは出費が大変だろう?」と心配するが、社員が年間を通じて前向きに業務をこなすことで、生産性向上につながるのであればプレゼントの費用など大したことはない。私が過去も現在も気配りし続けていることを述べたい。

▼毎年2年目の新入社員を含め、5～6人がフィリピン事業所のクリスマスパーティーに参加する。

▼毎月、初日の全体朝礼日は寿司の日と決めた。社長や営業幹部が顧客らと寿司を口にする機会は頻繁にあるが、製造業は現場の社員が主役だ。彼らにこそおいしい食事を食べてもらう、というのがきっかけだった。

▼社員の誕生日にはケーキと毎日のパン支給を欠かさない。さらにはお米（あきたこまち）10kgを年2回と、年末には冷凍年越し蕎麦とラーメンセット、お盆前には冷麦と私が手製した麺つゆを振る舞う。そして、月単位で社員の誕生会を開いている。

社員に喜んで欲しくて、私は定期的に料理を大量に振る舞う。カレーやすき焼き、田つくり、佃煮、卵焼き、パンケーキ、筑前煮などは高得点をもらえているようだ。社員たちとのつながりを強めるには、美味しいものをみんなで食べながらに尽きる。ある社員が奥様に、「社長みたいなおいしい料理をこしらえて欲しいな」と軽口を言ったところ、奥様からは「社長さんは男性でしょ？　だったら、あなたが作ったら？」と切り返されたそうだ。

社長が余暇を楽しみたいくらいだから、若い社員はもっと遊びたいに違いない。2018年秋に完成した福利厚生棟（430㎡）では、スクリーンゴルフやジム、カラオケが楽しめるほか、音楽スタジオや宿泊ルーム、大浴場、射的場、バーベキューコーナー、家庭菜園、パッティンググリーンなどを設けた。私も毎週利用しているが、これで社員の結束がより強固になるだろう。将来、少子化で新卒社員の採用難になるだろうが、この施設がリクルートで有効になることを期待している。

その2▽技術開発と原価低減

50年余り前、先代から「その時代に対応できる金型技術を習得すれば、いつまでも会社は存続できる」といわれていた。昭和40年代、夜9時頃までの残業が当然の時代だった。仕事を終え、焼き芋を食べて甘酒を飲みながら、金型製作の自慢話や新しい型の工程設計について夜遅くまで議論していたのが常だった。それが、当社の技術開発の始まりだった。

経営を考えて手離れの良い簡単な金型を選別して受注していたが、これでは技術は向上しないと反省した。先代にいわれた〝時代に対応できる技術〟を思い出し、難易度の高い金型にも挑戦することにした。当然、手直しや返品が増えて採算面で苦しむことも多く、時には大幅な納期遅れで顧客に迷惑を掛けることもあった。

今から20年くらい前までは、形状が複雑で精度の高い部品ができる金型を提供すれば、顧客

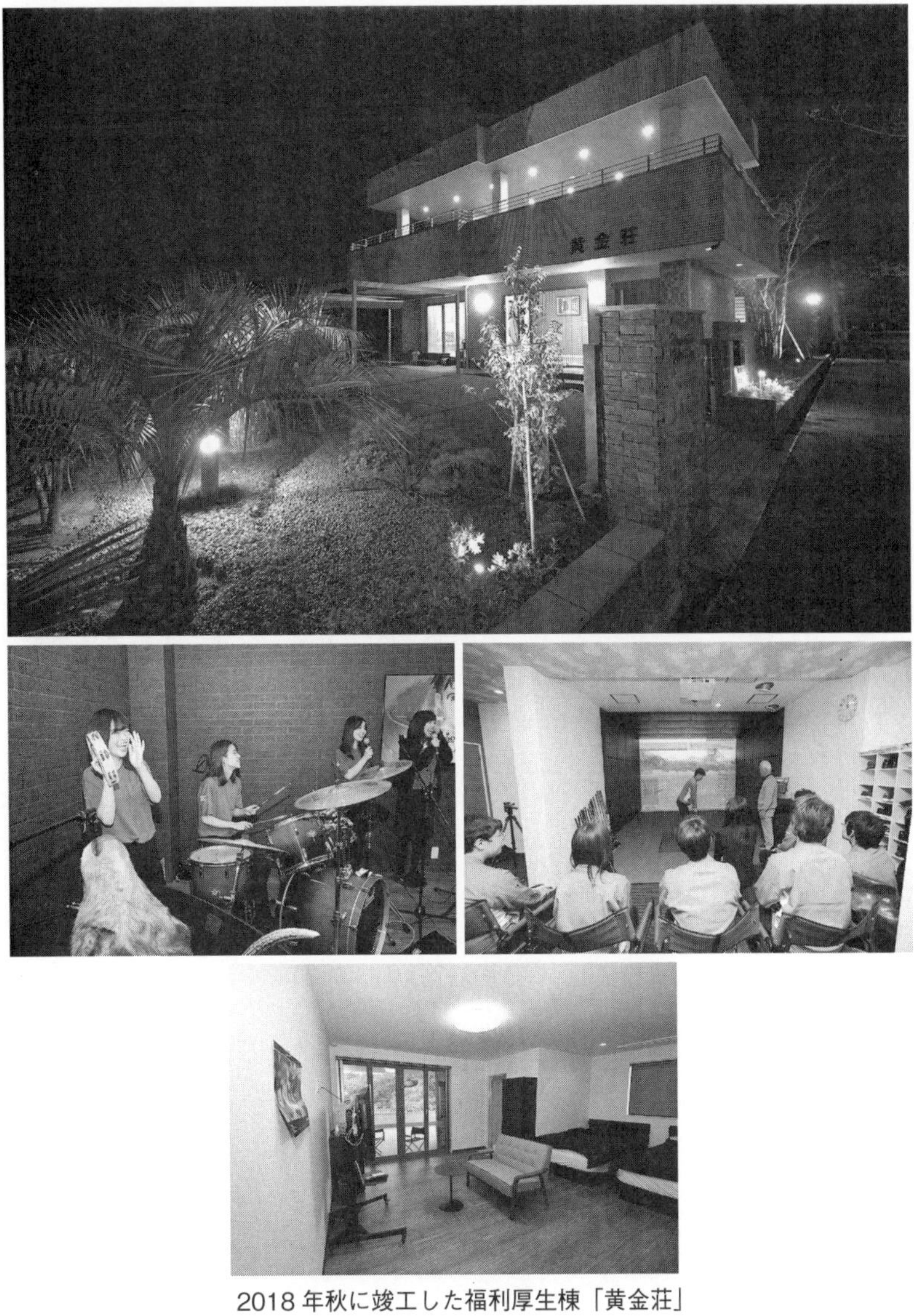

2018 年秋に竣工した福利厚生棟「黄金荘」

から大いに感謝されたものだった。しかし現在では、たいした評価は頂けない。それは多くの金型メーカーの技術レベルが上がってきたからだ。常に顧客から高い評価を頂くためには、原価改善すなわちコストが安くなる金型や、プレス部品を提案できるサプライヤーにならなければならない。私は、それを実行できるための要素技術を積み重ねることに、時間と開発資金を投入する方向に舵を切った。

プレス機械で部品加工をする時間は1秒前後である。それを切削や鋳物、ダイカストなどで製作すれば十数秒以上掛かる。プレス加工は、極端に安価に部品を製作できるのだ。

プレス加工に変更するためには、多くの要素技術の開発が必要となる。一例を挙げると、6㎜の板厚にプレスで穴を開けるには、3㎜以上の径でなければパンチが折れるというのが過去の常識だった。したがって、これまではドリル加工が中心に行われてきたが、ドリル加工ではひと穴開けるのに10秒程度掛かる。そこを、当社は直径1・2㎜という細い穴まで金型で打ち抜く技術を開発したことにより、大きな競争力を得た。

製造業の原価低減努力が国家と国民を豊かにする

中小企業とはいえ、経営者の私が「製品を精度良く、かつ安く造ることに努力している」と

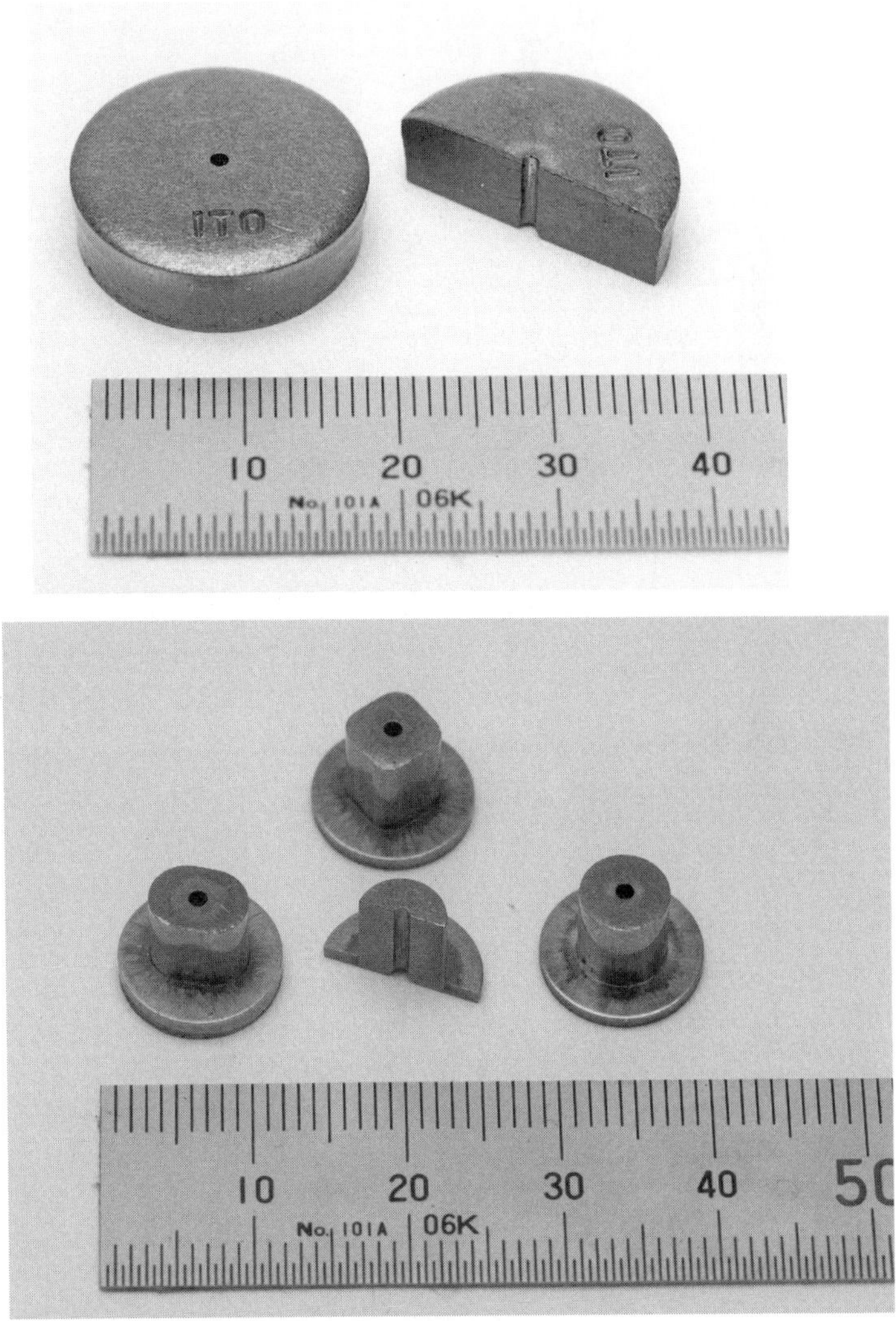

常識では考えられないプレスによる細穴加工

言うと、違和感を持つ読者も多いだろう。現に経済学者の中には「安請けしている製造業に未来はない。独自の技術に磨きを掛け、高くても売れる商品を開発して経営すべきだ」と主張する人もいる。それもある意味では正解だが、〝業種による〟とするのが正しい。

スポーツ用品や楽器、オーディオ、カメラなど趣味の世界ではこだわりを持ち、高価でも購入する人が多い。当社は今年、20万円という高価なロボット犬を3回目の抽選でやっと手に入れた。しかし、こうした商品に長期的で安定した売上と利益が期待できるだろうか。

1台3000万円以上もするフェラーリは、1年以上待って購入するファンが世界中にいる。あれほど魅力的なクルマを、全車種でわずか年間6000台余りしか生産しない理由が、希少価値があることで下取り価格を高価にするという、恐れ入ったビジネスをしている。また、その性能やデザインで世界のファンを魅了しているが、同社が国や雇用、取引業者にどれだけ貢献しているかを考慮すれば話は別だ。フェラーリ社は素晴らしい企業ではあるが、生産量で世界のトップを走る日本のトヨタと比較してみよう。

トヨタの場合生産量では1500倍、利益は25倍程度の数字が出ているが、数字以上に幅広く多くの分野に無類の貢献をしている。トヨタは国家に巨額の納税をしているが、それ以上に評価しなければならないのは巨額の外貨を稼いでいることだ。

現在は原油安のため日本は貿易黒字になっているが、仮に自動車メーカーの輸出が停滞すれば大幅な貿易赤字国となる。財政赤字が長年続く日本が、〝双子の赤字〟になると国家の信頼は低下し、燃料や原材料、食料を安定的に輸入できなくなる。資源に恵まれないわが国では、このような多くの大手輸出製造業には国を挙げて感謝してもしきれない。

トヨタの製品を直接、間接に納入する取引先は1万社を下らないといわれている。また、これらの企業で雇用の機会を得ている国民の総数は驚くべき多さだ。トヨタの利益はフェラーリの25倍と記したが、すべての取引先企業合計の利益はその数倍になるだろう。

高嶺の花だった初の本格国産車

1955年にトヨタ「クラウン」が発売されたとき、全国民が注目した。戦争で焼け野原になった日本で、トヨタは戦後わずか10年余りで乗用車を製造したが、この実績は世界でも例がない。

平均給与が月1万円の時代、100万円で発売されたクラウンは庶民には手が出せないクルマだった。1500ccのエンジンパワーは現在の半分以下。4人乗車で鈴鹿峠をトップギヤで登ることは困難だった。ABS（アンチロックブレーキシステム）はもちろん安全ベルトやエアコン、ディスクブレーキなどもなく、ギヤチェンジはマニュアルだった。あの当時のスペックの自動車を現在の技術力で生産するなら、80万円程度で可能だろう。自動車メーカーと多くのサプライヤーの優れた設計力とコスト低減努力で製造原価を抑えてきたのだ。

クラウンの発売から60年余が経過し、給与は40倍以上となった。国民が入社と同時に5カ月程度の給与でクルマを買えるようになったことは、自動車メーカーと部品を生産する製造業、工作機械メーカー、材料メーカーなどのたゆまぬコスト低減努力のおかげといえる。夏前にリモコンのついた扇風機を購入したが千数百円だった。中国製で、同国でも原価低減が進んでいると思ったものだ。

理髪やマッサージなどのサービス業では、賃金の上昇に比例して値上がりする。こうした産業ばかりでは、国民は何年経過してもより良い生活は送れない。モノづくりの絶え間ないコスト低減活動が国民を豊かにし、先進国になった日本でも外貨を稼げるのだ。

変化する顧客企業の技術要望

当社は難易度の高い部品の金型を製作してきたが、過去には顧客に大いに感謝された。しかし、現在では同業他社の技術力が上がり、感謝されることはなくなった。近年、顧客より高い評価を頂けるのは「原価低減ができる技術」だ。実例を挙げよう。

金型設計者による工法転換検討の様子

〔実例1〕見積りの依頼を頂いたとき、当社の金型設計者が過去の実績から部品図を変更する。これにより、材料の歩留りが良くなり、金型が安くでき、同時に金型の寿命が長くなる。さらに品質管理が容易になる。

〔事例2〕複数部品加工ができる金型により、材料の歩留りと加工費の低減を図る。

〔事例3〕大幅な図面の変更により、切削加工をしていた部品のプレス加工化を図る。これは大幅にコスト低減が期待できる。

〔事例4〕1秒という短いプレス加工時間内で複数のねじを同時に加工する。

〔事例5〕精密せん断技術によりプレス加工後の切削工程をなくした。

〔事例6〕月産数の多い部品はプレス機械を専用化し、無人加工（段取り替えレス）を図る。

過去12年間で、当社によってコスト低減が図れた全事例の効果金額は、現在なんと月間2000万円余りにもなっている。全国に何十万社かあるサプライヤーの原価低減努力の積み重ねにより、輸出競争力のある国家として今後も成長できるのだ。

風呂釜から学んだコストダウン

終戦の1945年12月、先代の伊藤正一はわずかな資本金で会社を設立した。戦後復興の波に乗ろうと、多くの企業が雨後の筍のごとく設立された頃だ。常に人材難で苦労した先代が、社員を家族以上に大切にしてきたことは前にも触れた。漁網機械の舟型（シャトル）はニッチ商品だが、伊藤製作所は当時同部品の世界シェアを独占していた。

職人は毎日、汗を流して疲れた身体を癒すため、風呂に入ってから帰宅していた。親父からは、「おまえたちは、職人さんが働いてくれるから学校に行けるし、飯も食べられる。だから、いつも職人さんには感謝しろ」といわれ、私は６００Ｌの大きな風呂を沸かす当番を小学3年生から7年間行うことになった。

その頃、子供の私からも、利益が出ているような会社にはとても見えなかった。それで会社の出費を助ける意味で、薪に代わる燃料を求めて焼け跡から木材を探したり、近くの三滝川の橋げたに引っ掛かる竹や流木を集めたりすることも日課となった。遊び盛りだった私は、近所の友だちと缶蹴りや鬼ごっこをしながら風呂釜を見守る毎日だった。しかし、細い流木では15分も経たずに燃え尽き、20分もすれば再び種火からのスタートとなる。

小学4年生になった頃、親父は薪を買ってくれたため燃焼時間が長くなり、缶蹴りなどの遊びに集中でき嬉しく思ったものだ。1年後には古くなった釜戸が新品に取り換えられ、同時に燃料は石炭になった。これで、ますます遊びに集中できる時間が増えた。石炭だと1時間近く火種が残るためだ。

５年生になったある日、鬼ごっこで鬼から逃げるとき、会社の塀に隠れた。ふと見ると、煙突から１・５ｍくらいの火柱が上がっており、子どもながらに「これはもったいない」と考えた。そこで翌日、サオに目盛りのあるはかりで石炭の目方を量った。火柱が上がる状態で風呂の湯を沸かすのに15貫目（９・３kg）の石炭が必要だった。翌日、付き切りで、釜に火が当たる程度の火力で少しずつ石炭を追加し、灰をきれいに掃除するやり方を試したところ、なんと半分ほどの石炭で湯を沸かすことができた。このような体験が現在、当社で進めているＱＣサークルや改善活動、コスト低減に役立っているのかもしれない。

その３▽時代が変われば変化する利益と設備稼働率の関係

日本の工作機械メーカーの技術力と機種の多さ、使いやすさは世界でも群を抜いている。年々精度が上がり、加工スピードが増し、使いやすくなるこれらのマシンを、私が社長を務める伊藤製作所でも金型製作やプレス加工に使っているが、設備投資を怠ると国内外の同業他社に後れを取ることとなる。

そこで旧式になった機械でも、海外拠点から依頼があれば現地子会社へ送り、本社には新鋭機を導入している。過去10年間に、海外子会社に送ったプレス機械は40台余りになる。なお、

７年間風呂焚きを見守ったゴロ

金型製作用設備とプレス機械の投資は年間利益の50％程度をめどにしている。

当社には金型製作部門と部品生産部門があるが、一般的に部品生産のプレス機械などは段取り替え時間を短縮し、設備の稼働率を上げることが利益を上げるために大切であると久しくいわれてきた。しかし、私はこの流儀に以前より疑問を持っている。

段取り替えのデメリット

私が入社した1965年頃の初任給は1万2000円だった。それから50余年が経過し、給与は約35倍上昇したが、プレス機械の価格は3～4倍ほどの値上がりに過ぎない。そこで、50年前に比べて人件費と機械償却費のバランスが大幅に変化したことに着目した。

機械の稼働率を上げるには、頻繁な段取り替えをし、その時間短縮に重点を置く考え方が主流だ。しかし、それには多くのベテランの技術者を必要とする。また、段取り替えをする時間は十数分だが、段取り替えによる初品の検査に3次元測定器などで測る時間の方がはるかに長い。特に難易度の高い部品では、初品の精密検査担当の負担は半端ではない。段取り替えをすることで規格外の製品ができてしまい、その微妙な寸法の金型調整には数十時間掛かることも珍しくない。

そこで、部品製造部門で安定した受注ができるようになった２００３年より、月間受注量の多い部品（15万個以上）は、金型の取り替えをしない手法を取り入れた。新規受注がないときでも年間5台程度のプレス機械を導入し、14年間で3工場を新たに建設して対応した。

金型つけっ放しの効果は甚大

以前は難易度の高い金型の段取り替えをすることで、微妙に寸法の変化が出ていたが、つけっ放しのため前回とまったく同じ品質が維持でき、金型の調整時間が激減した。高度な品質要求がある部品の安定生産で年間の不良率が大きく下がり、顧客から品質面で高い評価を頂けるようになったのはこの頃からだ。

また当初は機械1台当たりではなく、1人当たりの生産性を上げることが目的だったが、多くの副効果も出てきた。一定の数量を生産すれば金型メンテナンスを行うのだが、理由は分からないが修理間隔が2倍以上に延びた。10年間で生産高が2倍に増えたものの、年間メンテナンス時間は以前とほぼ同じで、部品製造部の社員は2人増員しただけだった。

月産15万個程度なら10日余りで加工できる。月に2週間も稼働しない機械を見るたびに、「もったいない」と何度も思った。しかし、この稼働率ならプレス機械は50年以上使用できるので、もったいなくはないと考えるようにした。

今では、金型の段取り替えをしないプレス機械は65台となった。専用のプレス機械を持つ65点の部品は全部品アイテムの6％程度であるが、それが売上高の80％を占める。ちなみに売上の20％に当たる残りの少量部品については、従来通り段取り替えをしている。

人件費と機械償却費

現在、月間3億5000万円前後の部品を生産しているが、プレス機械のオペレーターとメンテナンス要員の合計は25人に過ぎない。同業他社と比較して3分の1程度の社員で生産している体制だ。仮に70人の社員数と比較すれば、年間2億円以上人件費が少なく済むことになるが、人件費と機械償却費を比べると明らかに人件費の方が高い。しかも、毎年5台程度償却済のプレス機械が増えていくため、その分、利益が増える計算になる。

すでに70台以上のプレス機械で会計上の償却が終わっている。25年前にプレス機械は25台だったが、現在は100台余りになった。しかし、償却費は当時とほとんど変わらない。償却費とは工場運営の費用ではあるが、機械の価値はその分会社に蓄積されるのだ。

0円になった機械が増加するほど、将来の価格競争力は間違いなく強くなる。少子化が続く

金型をつけっ放しのプレス生産ライン（第１工場）

８年間で４工場目となる第５工場

ため将来は人材難が予想されるが、少人数生産システムをさらに強化したい。

一方、当社の海外事業所の平均給与は6万円程度だ。人件費の安い国ではプレス機械1台当たり3人の作業員を張り付け、段取り替えを頻繁に行い昼夜のフル稼働で大きな利益を生む。高額の合理化設備導入に際しては、その国の人件費を考慮して企画すべきである。

現在、プレス機械の稼働率は40%足らずだが、究極の理想は受注部品のアイテムが300点であれば300台のプレス機械の導入だ。その場合、仮に月間で4億円生産するには、余裕を見て10人の社員で十分だ。将来、これが先進国での生産手段の主流となるだろう。

スクラップコンベアや自動箱替え機で合理化

当社はプレス部品加工部門の売上高が93%、金型は7%という構成である。プレス部門では、月間1200tを超える様々な材料を使用している。言い換えれば、毎月600tのスクラップが発生していることになる。このスクラップをプレス機械に潜り込んで排出するには、毎日2~3人の作業員を必要とする。15年前、第2プレス工場と第3工場にスクラップコンベアを導入した。

材料の種類の異なるスクラップが混入すると相場価格で業者に販売できないため、2工場に鉄板系の部品を集中した。床に溝を掘り、コンベアで工場外部のダンプトラックに直接排出される。これにより、数人の作業員を必要としなくなった。また、スクラップ排出のたびに機械を止める必要がなくなり、機械の稼働率も上がった。装置の償却費は省人化で十分にカバーできるが、社員に単純作業をさせないことの方がはるかに有効だった。大切な社員に、この作業を何年させても技術力はつかないからだ。

２００個、３００個と生産する部品数を入力すれば、箱に指定数量を生産した時点で機械が自動停止する装置がある。これで、出荷前に数量をカウントする時間の節約になる。

金型の段取り替えをしない機械は65台と述べたが、このラインには若手男性か女性の作業者が担当している。１人で2~3台のプレス機械を扱うが、機械がストップするたびに新しい箱を取り換えなければならず、その間は生産が止まる。そこで4年がかりで、金型つけっ放しのプレス機械に自動箱替え機を備えつけた。これにより稼働率が上がると同時に、機械の操作時間が減って検査を十分行えるようになり、工程内不良が激減した。

その４▽養育と躾

先進国型の経済が続けば、必ず成長は緩やかになる。日本では少子化に歯止めが掛からない状況下、経済が縮小することは避けられない。当局では将来の人口構成を毎年予想しているが、悲観的な観測が多い。労働人口が極端に減少してから、大掛かりな国内の公共インフラ（上下水、電気・通信、高速道路、灌漑、橋など）改修工事に対する十分な予算計上は、前に述べた通り不可能だ。年金の大幅な減少も覚悟をしなければならない。将来の近隣諸国の状況を鑑み、安全保障にも大きな予算が必要となるだろう。資源のない日本が将来の難題に乗り切るには、経済を強くする以外に方法はない。

アセアン諸国は現在7％前後の成長をしている。これらの国に何らかの形で絡むことで、日本の経済を成長させることができるのではないか。あるいは、多くの問題はあるだろうが、海外からの移民を検討する時期かもしれない。少なくとも規則は守った上で、容易に日本で勤労ができる体制を敷くことを真剣に検討する時代となった。

当社は、将来の日本を案じて、25年以上前から海外進出に臨んだ。法律や言葉、環境が全く異なる外地で、当初は手探りで茨の道をさまよい、苦労は少なくなかった。結果的に、現在では2カ国に進出して多くの顧客を獲得し、技術と資産を現地に蓄積することで進出国にも大きく貢献した。海外子会社の成長が、結果的に日本本社を極めて強靭な会社にしたのだ。次章では、そんな海外活動について述べたい。

第4章

フィリピン進出が成長軌道を確かにした

私は若い頃から海外に興味を持っていたが、本格的に海外進出を考えたのは1990年からだった。1985年のプラザ合意で一気に円高が進み、ドル換算で国内顧客の部品の調達価格が急激に上昇した。それに伴って顧客の海外進出が加速したため、今後、国内だけでは事業が困難になると予想した。一方、海外進出では言葉や文化、宗教、食事、気候などの差異が大きいが、不安よりも期待の方で胸が膨らんでいた。

タイ進出を検討も経済情勢の変化で断念

その頃、バンコク市内にある漁網機械部門の顧客であるタイナイロン（ニチメンとユニチカの合弁会社）に、漁網機械部品の営業活動で何度も出張していた。1992年、現地の多くの漁網会社の中、唯一日系企業であったタイナイロンの津田和男副社長から「タイの賃金が上昇している。ミャンマーやラオスなど賃金の安い国で漁網を生産されたら、価格競争力で太刀打ちできない。今のうちにハイテク分野の事業を進めたい」という話を聞き、当社の金型事業の進出意思を伝えたところ、翌日に考えられない好条件を提示された。

「2000坪の土地は利益が出るまで地代は不要。通訳は20年間駐在している技術者がいる。当分、経理と銀行関係、人事業務などはタイナイロン側が行う。駐在者の宿舎は敷地内にある。

タイナイロンの工場

資本金の持ち分は当社に任せる」という内容だった。日本の信頼できる上場企業が好条件で誘ってくれたが、この機会を見逃せば永久にチャンスはないと感激した。帰国後、幹部社員に報告したところ、彼らの答えは「海外のことは分からないので、社長が結論を出して欲しい」というものだった。

駐在社員の選定や設備投資など慎重に準備を進め、翌1993年、当社の腹案を持ってタイナイロンと綿密な打ち合わせをするため、私はバンコクへ向かった。ところが検討期間の10カ月間で、タイの経済事情は大きく変化していた。日本企業の進出が加速したことにより、バンコク市街のタイナイロンの敷地では製造業が立地できなくなっていたのだ。

東北部にあるアユタヤ工業団地を候補として視察したが、後にタイでは今世紀最大といわれる豪雨に見舞われ、ホンダなどが大きな被害を受けた立地だった。もし、当社がこの工業団地に進出していれば大変なことになっただろう。

加えて、この頃から現地では優秀な若者の採用が困難になってきたという。中小企業でも良質の社員が採用できることが、海外進出の魅力と思っていただけに気勢を削がれた。結局、タイへの進出はあきらめ、同じ漁網機械部品のユーザーのいるフィリピン・マニラへ向かうことにした。

合弁会社から独資へ

タイがだめならフィリピンで、というほど海外進出が簡単でないことは承知していたが、諸事情により「どうしても今やらなければ」という意志は固かった。当社の進出国が中国でないことに周囲の企業から大きな疑問を持たれた。「どうしてそんなに小さなマーケットへ行くの?」と。中小企業は年間10億円の売上があれば十分にやっていける。売上より社員教育、技術の移転の方がはるかに大切だと考えていた。結果的にはフィリピンの技術者が日本本社やインドネシアに駐在し、金型製作や設計図面の応援など、現在はなくてはならない子会社に成長したのだ。

モノづくりや経営ノウハウが何たるかを知らない日経新聞やＮＨＫまで、「中国に行かないのは企業じゃない」などといっていた時代だ。マーケットのシェアを握らなければならない自動車メーカーや家電メーカーならともかく、技術指導に長期間必要とする金型メーカーらは、友好国へ進出した方が技術の移転はスムーズにできると考えていた。当時、投資先として最も注目されていた中国を候補地から外した理由は、漁網機械関係の取引での経験から中国の悪しき商習慣や税法、国家理念の相違を熟知していたからだ。中でも長年、海外に駐在する大手商社マンから得た中国に関する情報は真実味があり、説得力のあるものばかりだった。30年前から、私は知人の中国進出計画に反対してきた。企業は、長期に存続してこそ価値がある。小泉元総理が靖国を参拝したことなどで反日感情が高まり、中国に進出した日本企業への強烈なバッシングがあったためか、徐々に周囲の者は私の考え方を理解するようになってきた。

2020年に入り日米両国政府から口を合わせたかのごとく、中国から企業の撤退を奨励し、支援金まで出すという話題で持ちきりだ。日本政府は30年前には製造業の中国進出を奨励していたが、中国が急に不適正な国になったわけではなく、基本的には以前と同様の進出不適格の国なのだ。では、どうなれば適格の国になるのだろうか。それは、中国の主席や議員が選挙で選ばれる国になってからと断言できる。

タイ進出をあきらめフィリピンへ

タイからフィリピンに舵を切り、その頃マニラで会った人物がヘン・ドン・リム氏だった。彼はマニラ大学工学部を卒業後、フィリピンの大手漁網会社に就職した。そして1972年に、四日市の漁網機械メーカーに6カ月間駐在した。漁網機械の取り扱いと製網技術の習得が目的

「イトーフォーカス」の開所式で挨拶する私

フィリピンのビーチリゾートの光景

だった。しかし、外国人研修生に対する同社の待遇が良くなかった、というよりは英語を話す社員がいなかったことで、日本での生活に馴染めずにいた。見兼ねた私は彼を自宅に誘い、すき焼きや手品、観光案内などでもてなした。もちろん、私は彼から英語を習う目的があったのだ。彼は「今まで食べた中で、すき焼きほどおいしいものはない」と今でも言う。

彼の帰国後、家内と姪を連れてフィリピンを訪問するなど家族同士の交流は続いた。日系企業ならともかく、外国企業との合弁会社設立に多くの困難が伴うことは覚悟していた。海外進出は独資が理想だが、言葉の問題や現地の商習慣、銀行や行政との関わりは日本企業にとって極めて困難な業務である。そこでヘン・ドン氏に経理や銀行、官庁などとの対応をお願いした。ところが、彼は信頼できる友人を社長に推薦したいと申し出た。やってきたのはステハン・シー氏である。スタンフォード大経営学部を卒業した秀才だ。

そんなシー氏を頼りに、フィリピンに1996年、合弁会社「イトーフォーカス」を設立した。しかし、根っからの商人タイプであるシー氏は、設備投資や社員教育などで歩み寄ることができず、合弁会社は設立7年後に解消することとなった。しかし幸いその頃に、私は海外業務のおおよそを理解できるようになっていた。日系の資本が100%になったことに一番喜んだのは、なぜかフィリピン人社員たちであった。

優れたローカル社員

1997年秋、フィリピンの合弁会社にローズ・アンドリオンと名乗る女性が面接に来た。彼女は公認会計士の資格を持つ才女だ。面接したロリータ・シーさんは合弁相手の社長夫人で、御主人ともどもスタンフォード大学卒というエリートで、中国系フィリピン人だ。「イトウサン、面接した彼女はとても優秀な人物だよ」と自信を持って紹介してくれた。これで経理は上手くやってくれると期待した。

海外では、自分の与えられた業務以外はやらないと聞いていたが、ローズは日本人以上に広範囲の仕事に打ち込む。その姿勢は学ぶべきところが多い。発展途上国では社員の不正は日常茶飯事で、常にチェックする必要がある。ローズは部下の不正にも目を光らせていた。

あるとき、運転手が500ペソ（1200円）程度の買い物を頼まれた。彼は領収書に「1」を書き加え、1500ペソとして請求したが、購買の女性が商店に問い合わせて不正が発覚した。ローズは直ちに本人を呼び、その場で解雇した。「そこまでやらなくても」と注意すると、「イトウサン、こうすることが抑止力になります」ときっぱり。外国人である日本人駐在員がそれをやると角が立つ。ローカル幹部がやってくれたのは大助かりだ。

頭が切れる彼女は、経営に関して様々な提案をしてくれる。その提案は極力受け入れているが、ときには「日本ではこうだから…」と諭して考え方を否定することがある。ローズはそのたびにいつも食い下がってきた。しかし、日本の手法や理念が良いと認めれば受け入れるようになり、現在では日本人以上に日本式流儀で業務を行っている。彼女は、「イトウサンが私やローカル社員を信用してくれるからやりがいがある」と今も言う。

入社から7年もすると、ローズの優れた能力が外部企業に伝わるようになってきた。数社から、当社の支給金額に30%程度上乗せした給与で引き抜きがあったそうだ。しかし、「私が辞めれば部下が幸福になれない。それにイトウサンは、業績が上がれば必ずそれに見合った待遇をしてくれる」と信頼しており、引き抜きを断った理由を後に打ち明けてくれた。そんなローズに対して、現在は十二分の待遇をしているつもりだ。その頃、ローズにはローカル社員としてただ1人、会社の株を買うように勧めた。このことが、ローズをさらに勢いづけることになる。

日系企業は大人気

1996年に合弁会社として操業を開始した「イトーフォーカス」は休眠会社となり、独資企業Ito-Seisakusho Philippines Corporation（ＩＳＰＣ）として経済特区で再スタートを切ったのは２００３年のことだ。以来、合弁時代には考えられないような力強い会社に成長し、今日に至っている。海外では離職率の高いことが企業の最大の悩みといわれているが、当社では無縁だ。その理由を振り返りたい。

フィリピンは４００年余り植民地として外国に支配され、外国人に怯えてきた歴史がある。彼らと同じ目線で接し、本社同様に家族的な雰囲気を取り入れたことが大きな効果を生んだ。合弁時代に私が社員にマジックを披露すると、当時のシー社長は、「イトウサン、そんなことをすると社員がつけ上がるぞ。甘やかすな！」と言うのだ。私は「誰がそのように思うのか？」と反論し、よく揉めた。

経済特区での工場建設が決まったとき、社員に「遠くになるがついて来てくれるか？」と問い掛けたところ、70％の社員に拒否された。あわてて40人の社員を採用したが、ちょうどその時期に合弁から日本独資へと変更することが決まった。それを知った途端、全社員が新会社に合流したいと言い出したのだ。さすがに全員を連れて行くわけにはいかないので、全90人の中から25人を選別し、残りは現地（ラグナ州）で募集することとなった。これが当社の運の良さにつながったと考えている。

人格と健康面、技術の良い者だけを選べたことで、さらに雰囲気の良い企業へと変貌した。

中小企業であっても、日系独資の企業はフィリピンでは信頼されている。その意味でも中小企業の進出先として、フィリピンは有力な候補地として推薦したい。

中国からフィリピンに移転した企業から、「フィリピン人は中国人より劣る」と聞いたが、ある意味で正解だろう。しかし、当社は選別採用をしたことと、愛社精神を持ち長年業務についていることで彼らの資質に不満はない。箸を持つ習慣のある日中韓の国民が、世界的に見ても優秀であるのは事実だろう。

新会社になって、社員の誕生日にはケーキとフライドチキンを持たせ、「忙しくても定時で帰り、家族と楽しみなさい」と伝えている。これが日本であれば、御礼をいわれる程度だが、現地では「私の嬉しい誕生日に会社がケーキをくれるとは、なんて良い会社なのだ」となる。その後も、こうした気配りを駐在員に続けてもらっている。

会社を成長させるための大きな要素は、社員のレベルで決まると考えてきた。新会社になって4年目に利益が増えたことから、決算賞与を支給することにした。経理責任者が「イトウサン、全社員はこの会社が好きになり離職などはあり得ない。将来の退職金が大変」と嬉しい悩みを訴えてきた。私は経理責任者に、「退職金より、退職者の代わりに採用した者への教育費の方がはるかに高くつくよ」といって聞かせた。

マネージャー時代の
ローズ・アンドリオン

フィリピン事業所の社員たち

わが人生最大のピンチ　加藤美幸副社長の急逝

1996年にフィリピン進出を果たしたことはすでに述べた。駐在した加藤美幸副社長があらゆる業務をこなせる人物だったからこそ、早い時期に海外進出を果たすことができたのだ。私の海外事業に大きな関心を示してくれたのが加藤副社長だった。彼は語学に堪能ではなかったが、熱意のある熱心な教育が奏功し、現地で精密金型ができるまでに1年は掛からなかった。言葉の壁を越えどのように教育をしたのか、今も分からないままだ。

操業から7年が経過し、ようやく利益が出るようになったのを機に、当時の工場から南へ50㎞の経済特区に3000㎡の工場を建設することにした。ところが、建設業者に前金として3000万円を支払った1週間後に、加藤副社長が急逝したのだ。合弁相手側は「優れた技術力を持つ加藤氏がいなければ、会社の継続は無理」と判断したのだろう。ただちに資本金の返却を求めてきた。

告別式も終わっていないのに、「中国人（フィリピン国籍）はやはり金のことになると厳しい」と思った一方で、「これで彼らとサヨナラできる」と思い、ほっとした。建築費の前金を払う前に加藤副社長が逝去していたら、フィリピンから撤退することになっただろう。海外では契約社会なので、一度支払った契約金を同情して返金するなどということはあり得ないので、建設は予定通り進めることにした。

「次の駐在者を誰にするのか。ローカル社員は本当に合流してくれるのだろうか。移転時のトラブルなど、顧客に迷惑を掛ければ当社から離れていくのではなかろうか。この事業が失敗に終わり、顧客や本社社員にまで迷惑を掛けるのではないだろうか…」。ドライバーのサミーと建設現場を見学に行ったとき、とめどなく流れる涙で、将来どころか目の前のものまでもが霞んで見えた。

私の人生でこのようなピンチはもちろん初めてだし、眠れない日も多く、体重も一気に5kg落ちた。直後に私と睦田専務が2カ月間滞在し、緊急の火消しをした。そして加藤副社長の後任として、3年前に米国の大学を卒業した息子の竜平と川﨑営業課長、設計の渡邉次長、ベテラン技術者の立松氏の4人を指名した。改めて加藤副社長がいかに1人で頑張っていたかが分かった。日本人不在の現地法人に急遽駐在した彼らの苦労は計り知れなかっただろう。

しかし、助ける神もいるものだ。7割の社員が移転を拒否したが、日系独資になったことを知り、全員が残りたいと申し出た話はすでに述べた。実の息子を駐在させたことが、私の本気度として現地社員の気持ちを動かしたのだろう。その後、今日まで順調に成長できたのは、このとき抜擢した社員の苦労があってのことだ。

誕生日を祝ってくれる現地社員

フィリピンでは国民の90%がキリスト教徒で、そのうち大半はカトリック系だ。彼らにとって、一年のうちで最も嬉しい行事がクリスマスだ。みなさんもご存知のように、日本で就労している多くのフィリピン人もこの日は帰国している。新会社に移転して以降、私は15年間毎年5~6人の本社社員を引き連れ、クリスマスパーティーに参加している。彼らにとって、次に嬉しい行事は誕生会だ。当地の誕生会では、費用はすべて祝ってもらう側が支払うことになっている。そのため、その習慣を知らずに初めて駐在した者は面食らっている。

日系独資になってからの彼らの勤務態度は極めて明るく、忠誠心を持って勤務している。家族的で信頼し合える絆をさらに深めようと、クリスマス会の目玉として豪華なプレゼントをすることにした。同時に恒例の臨時ボーナス支給の内示を発表すると、窓ガラスが割れるのではないかと思うほどの拍手で盛り上がった。フィリピンでは13番目の給与といわれているが、クリスマスの前に1カ月分の賞与支給が国で定められているのだ。当社はさらに利益の10%を支給するようにしているため、このように盛り上がるのだろう。

新規の受注が増加するたびに、その部署に社員を採用するのがフィリピンのやり方だ。

フィリピン事業所での誕生会の様子

インドネシア事業所でも同様に盛り上がる

私が、「他の部署で減産になっているので、そこから配置転換しなさい」と何度も伝えたが、人事はそれに応じなかった。しかし、決算賞与が出るようになり、人員が増加すれば1人当たりの賞与額が減ることが分かったため、なるべく少ない社員で作業をするよう心掛けるようになった。会社見学に来て頂くみなさんからは、「アジアの工場にしては社員数が少ないね」とよくいわれるが、その理由は決算賞与にある。これが長年社員に教育をしている、〝1人当たりの付加価値向上〟を理解してきたのだ。

クリスマスパーティーのメイン・イベントは職場単位で5、6組のチームを編成して行うダンスの披露であるが、2カ月前から業務終了後に練習をしているらしい。揃いの衣装は日本円で800円程度の生地を買ってみんなで仕立てるが、これも彼らの楽しみなのだ。

日本から合流した社員が審査員になって順位を決めることになり、団体賞として商品券を用意している。優勝した組の喜びようは表現できないほどだが、彼らのチームワークの良さが職場での効果的な作業態度につながっている。このようなところが、私がフィリピン人を評価している理由の一つだ。

1942年6月4日は私の誕生日である。2003年、単独資本になってから私のマニラ出張は年間8、9回に増えたが、過去15年間で6月の出張時には必ず私の誕生会を開いてくれる。そして、数年前からは6月4日に出張依頼が来るようになり、業務より私の誕生会が優先されるようになった。クリスマスならともかく、「私の誕生日ごときでダンスは披露しなくていいよ」と伝えたが、今年も踊ってくれた。

育つ海外の人材

20年以上も前のことだが、「海外進出する企業は国賊」といわれた時期があった。国内の事業を廃業して海外に出れば、その指摘は正しいかもしれない。しかし近年、海外で成功した企業はその利益を日本に還元し、しかもこれまで以上に日本の事業も拡大して、利益を上げているところが少なくない。

少子化の影響により、昨今では少数の若者が多くの高齢者を支えなければならないという話で持ち切りだが、他にも大きな問題がある。購買力の旺盛な若者の減少により、国内マーケットが縮小することだ。日本の経済規模が年々1％以上縮小しても、何の不思議もない。強い国家を維持する意味でも、少子化は深刻な問題だ。また、日本の技術力は世界から評価されているが、少子化により近未来にモノづくり中小企業が深刻な人材難に見舞われれば、技術立国から退場となることもある。

近年、どうして海外ビジネスが大きな話題となってきたのだろうか。生の情報を得るため定期的に海外に出ることにしているが、アジア諸国の経済は7％程度の成長を維持している。日本のフィールドだけでは成長が望めないのであれば、これらの国々と何らかの形で絡むことによって、利益を得ることができる。ただし、言語や気候、宗教、食べ物や生活習慣の異なる国での事業は様々な困難を伴う。特に語学力に劣る日本にとって、海外に進出することはそう簡単ではない。

中小企業では、駐在できる人材が不足していることも事実だ。海外進出を可能にするためには、長期にわたる社員教育の必要がある。語学力だけではなく一般常識や近代史などを学んでおけば、有意義な海外活動が可能となる。韓国や台湾でも、海外を目指す企業が激増している。彼らの技術力が日本に肩を並べる時期が来るまでに、行動する方が賢明だ。

当社のフィリピン事業所ではすでに述べたように、離職がほとんどなく、多くの技術者が育ってきた。彼ら全員が日本本社への駐在を望んでいて、少子化の定着で日本の中小製造業が人材難になったとしても、当社の日本本社は人材難とは無関係でいられる。いかなる国でも災難やピンチは発生するが、海外に子会社を設立することで互いにウイークポイントをカバーし合い、有意義な保険にもなる。

頼もしいフィリピン事業所の社員たち

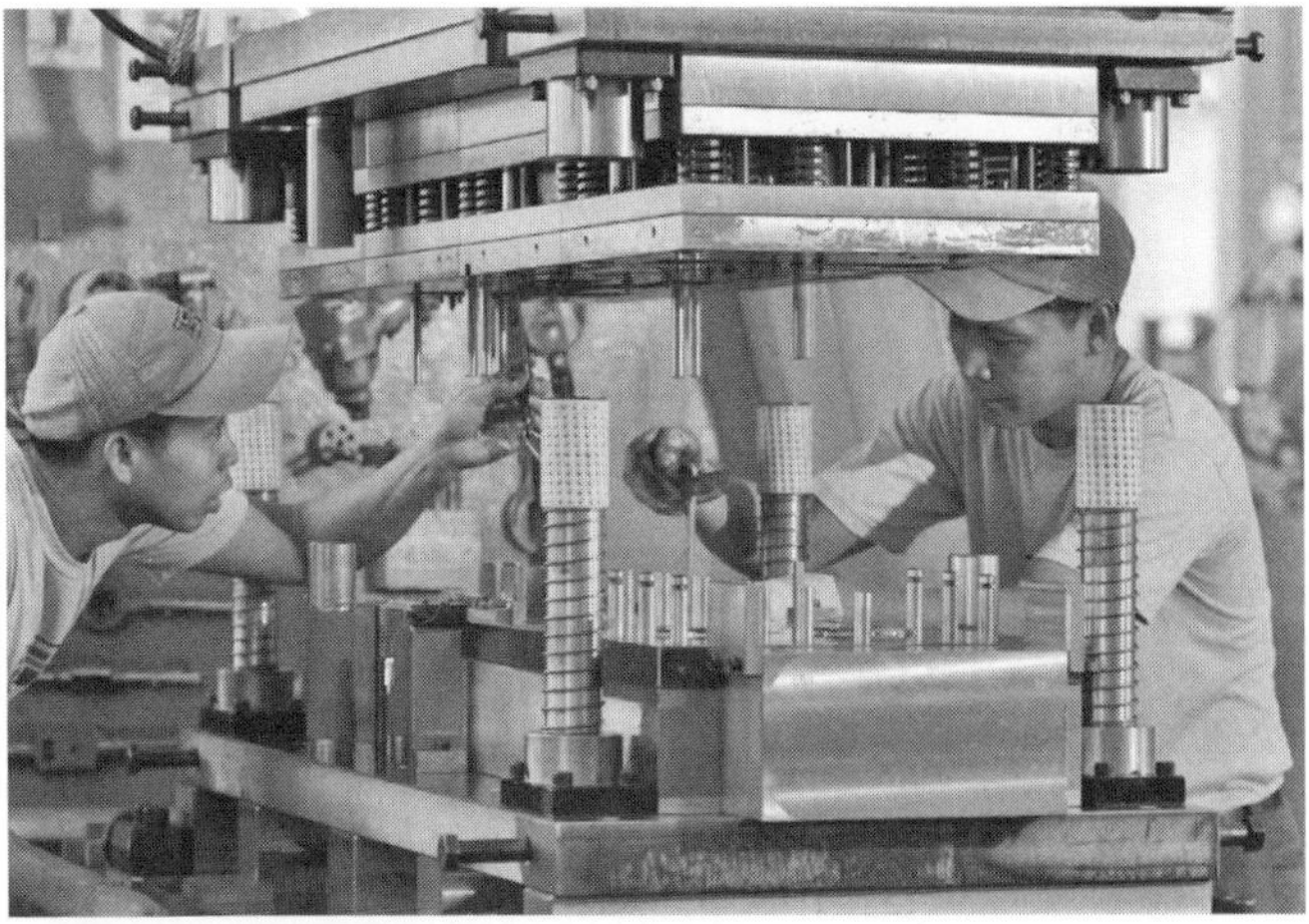

習熟度が高い金型組み付けスタッフ

海外事業所の業績と今後の進め方

フィリピンでの事業を開始して23年が経過した。政府やマスコミ、業界を通じて当社が海外進出のモデルケースなどと紹介されているからだろうか、会社の規模や売上高が実際より多いと思われている。私は海外進出して良かったことを伝えているが、成功したとは一度も表現していない。派手に成功しているように見えるフィリピン事業所の売上高も、実際は10億円に届いていない。あの時期にマーケットの大きなタイへ進出していたら、20~30億円の売上高に達していたかも知れない。自動車などのマーケットが小さいフィリピンで売上拡大はあまり考えていないが、フィリピンの優位性を知った企業の進出が今後期待されている。

伊藤製作所が持つ3カ国の拠点の特徴を上手に生かせば、将来安定した経営ができると確信している。本社では技術支援と駐在員受け入れ教育を行い、フィリピンでは安価な金型製作と両国へ駐在しての人的支援を担い、インドネシアでは定期的に大きな受注が期待できるなど相互に貢献できる。受注量の変動や採用難、技術移転などをうまく絡ませることで、長期に安定した経営ができる見通しがついたことなど、海外進出の成功を感じられる時期にきた。

私は進出国の筆頭にフィリピンを推薦してきたが、アジアでは常にビリの方に置かれていた。

しかし、今年になって、前年7位だったフィリピンが進出国としてふさわしい国として、なんとトップに躍り出た。その国のマーケットを目的とするのではなく、生産物を輸出する企業であれば最適の国であることを私は言い続けてきた。

国籍は関係なし、できる人をリーダーに

2003年、フィリピンの合弁会社を解消し、マニラから50㎞南にあるカランバ市の経済特区に新工場を完成させた。ローズ・アンドリオンが初出勤する日、私は現地入りしていた。すると、ローズは専属運転手付きで出勤して来たのだ。

クルマから降りてきたローズに、「フィリピンという国は、部長がオーナーの許可を取らずとも運転手をつけられるのか？」と注意するといきなり泣き出した。そこで謝罪するのかと思ったら、「辞めさせて頂きます」という言葉が返ってきた。前任者が急逝したため急遽、駐在した33歳の川崎剛司は困惑していた。ローズがいなければこの会社はやっていけないと感じたのだろうが、それは私も同じだった。

6年間信頼し、家族同様に可愛がってきた彼女の離職はないという判断の下で、私は賭けに出た。若い川崎が今後、彼女の言うままになることを心配したためだ。翌日、彼女は「イトウ

サン、昨日はすみません。今日は自分の運転で出勤しました」と報告に来たので、「そうか、よく反省してくれた。私が今からドライバーを決めるので、今日から君は運転しなくていいよ」と伝えた。

その後、17年が経過したが、彼女は3カ国の当社グループの中で極めて優秀な管理職であり、経営力も身に着けた。そして2018年6月、フィリピン現地法人の社長に抜擢した。気配りや謙虚さなど日本人と異なる習慣に、不安は残るものの思い切って任せた。

日本人がやるべき仕事をフィリピン人がこなす

フィリピン以外に海外進出は考えていなかったが、インドネシアの財閥・アルマダ社から猛烈な誘いを受けたことから、10カ月悩んだ末に同国で合弁会社を設立し、2014年から操業を開始した。日本の本社が多忙なため、インドネシアでの教育は、金型設計製作から品質管理までフィリピン人技術者が受け持つことにした。インドネシアの若者の語学力が予想以上に高かったため、技術移転は日本人が教育するより数段早く進んだ。

2016年度にはフィリピンのローズ社長が2度現地を訪問し、1週間で決算書を作成してしまった。フィリピンとインドネシアでは税法などが当然異なるが、両国の違いも調査した上で完成させたものだ。日本人にはできないこのような業務を行えるローズがまぶしかった。ローズを社長にした理由もそこにある。

１００％日系資本で、ローカル社員が社長になった例はあまりないというが、どの国の人であれ、できる者がリーダーになるのは時代の流れだ。ただし、互いに人としての絶対的な信頼がなければ実現しない。意外だったのは、１１５人の現地社員全員がローズの社長就任を喜んだことだ。ローズは以前にも増して業務に専念している。本社からの駐在要員が不足する理由はすでに述べたが、それを補って余りある現地社員の存在は幸運だった

旧知の韓国人を副社長に

日本本社は、２００４年から過去にはなかったほどの、積極的で継続的な合理化投資を開始した。幸運にもタイミング良く、この時期に設備に見合った大きな受注が舞い込んだ。８年間で売上高が倍増したのだ。１人当たりの生産高が激増した10年余りで、正社員の増加はわずか3人に過ぎなかった。私は「何という効率的な経営が実現したのだろう」と内心微笑んでいたが、ここに思わぬ落とし穴があった。現在30代のキーマンとなるべき社員が大きく不足していたのである。つまり、第2世代の海外駐在員候補となる人材がいない。海外事業を発展させる

には前任のベテランを再派遣するのが無難だが、社員を若いうちから国際人として養成することが後々効いてくる。そこで、30年余り前から交流していた韓国人の金在珍氏に、副社長としてフィリピン駐在をお願いしたところ喜んで引き受けてくれた。今後、本社の若い社員を駐在させ、金副社長に教育をやらせる予定だ。ただ長年、誰よりも韓国を非難していた私のこの判断に、疑問を持つ知人は多かった。

そもそもは、1986年に顧客の鈴鹿富士ゼロックスから、「優秀な韓国人に金型設計教育を6カ月間お願いしたい」との依頼を受けたことが発端となった。海外への技術流失を心配したものの、お世話になっていたという恩がそれを上回ったのである。金在珍氏は延べ1年間の滞在で、精密金型設計と日本語の読み書きまでマスターする秀才ぶりを見せた。帰国後の礼状は漢字をしたためた日本人以上の文章だった。人格も良く、30年余り弟のように可愛がり、つき合ってきた。

やがて金氏は帰国し、日系のコリア・ゼロックスに戻ったが、人件費高騰などの理由で拠点が韓国から中国に移転されることになり、2009年に希望退職したという。その後、日系製造業に就職したが、経営者と理念の相違で離職したようである。2017年12月、私が久しぶりに訪韓したとき、無職だった金氏は「伊藤さんの順送り金型を韓国で販売させて欲しい」と懇願した。私は「そんなことはビジネスにならない。マニラへ行くか?」と提案したところ大

フィリピン現地法人副社長の金在珍氏と

フィリピン事業所のマネジメントチーム

変喜んだ。この判断をフィリピンに伝えたところ、彼らから「韓国人？ 怖くないのかな？」などの声が出たそうである。

フィリピン人は温和な国民で日本人に似ている。韓国人は語気が強いなどの理由から、一般的にはあまり好かれていない。しかし、ＣＥＯ（最高経営責任者）の私に面と向かって反対できない彼らは、この決定を恐る恐る受け入れた。

金氏が駐在して10日後、現地のローズ社長から「イトウサン、金副社長は優しく管理能力もあって、金型技術も知り尽くしている。本当に優れた人材だ」と電話があった。２０１８年１月６日から出勤したが、わずか3カ月で会社を大きく良い方向に導いてくれた。

一つ例示すると、長年行っていた複雑な管理資料を簡素化した。「これだけ時間を掛けて細かく記録しても、後に役に立たないだろう。それに、日本本社がこの記録をすべて読むのは不可能だ」。このように簡素化案を出したことで、現地の管理職から大いに受け入れられた。また、設計者から依頼のある技術の相談にも乗っているが、32年も前に日本で教えた金型設計技術がマニラで役に立つとは予想ができなかった。

20周年記念式典の出来事

２０１７年8月、フィリピンでの創業20周年の節目に、金型輸出専用工場の披露を兼ねた記念式典を挙行した。式典には１００人余りにご参加頂いた。主賓は経済特区のチャリト・プラザ長官だった。経済特区には４０００社が所属しているため、同氏に記念式典ごときに臨席頂くことは常識的には無理である。しかしその年の1月、安倍総理一行と政府専用機に搭乗してドゥテルテ大統領の故郷のミンダナオ島を訪問し、歓迎パーティーに参加した際、私はプラザ長官と名刺交換をしていた。私の推測だが、「安倍総理に同行するくらいだから著名な会社に違いない」と忖度してくれたのだろう。

大統領は、同郷で旧知の仲である元女性空軍士官のプラザ氏を長官に抜擢した。総理に随行させて頂いたことの幸運がここでも生きた。式典でのスピーチは英語のうまいローズ社長にと考えていたが、当地ではＣＥＯ（最高経営責任者）が行わなければならないそうだ。大勢の前でのスピーチはもちろん自信がない。結果的に、チャリト・プラザ長官に褒められることになったスピーチ内容の一部を翻訳して述べたい。

「20年以上前から日本企業の海外進出は加速した。多くの企業はマーケットの大きい中国を目指した。同時に多くのみなさんは、私のフィリピン進出計画に疑問を持った。しかし、私の答えは簡単である。マーケットの大きさよりも、教育レベルの高い国が当社にとっては重要だ。次に、誰もが英語で会話できることと、フレンドリーな国民に魅力を持った。私が予想した通り忠誠心があり、多くの技術者が育ったが、彼らはほとんど離職しなかった。また、6月から当社の社長は現地社員のローズが務めている。マーケットが小さくても多くの技術者が揃ったことで、精密金型の輸出専用工場を建設した。その工場を、どうぞご覧ください」

最後に安倍総理がベトナムで、当社のフィリピン事業の成功を紹介する記者会見のビデオ（当社で英文の字幕をつけた）を流したところ、大きな歓声が上がった。スピーチ終了後、プラザ長官は満面の笑みを浮かべ近寄ってきた。「イトウサン、素晴らしいスピーチだった。あなたのように、フィリピンを良く思ってくれる日本人に初めて会った。今後、日本の企業に投資をお願いに日本へ行くときにはスピーチを頼みたい」といわれた。「話し方は下手でも、内容が良ければいいのか」と私は妙な自信を持った。

金型輸出専用工場とは

設立後20年が経過したが、当初入社した経理や設計、金型製造、品質管理などに従事する主

フィリピン事業所 創業 20 周年記念式典
(左から伊藤室長、私、プラザ長官、ローズ社長、川﨑役員、稲垣常務)

2017 年に完成した金型専用工場

力社員はほとんど離職しなかった。したがって、ベテラン社員が揃ったため高度な金型が難なく製作できるようになった。タイやインドネシアでも金型を生産しているが、現地の技術者は会社を転々としていると聞いた。そうであれば、当社の技術・コスト競争力は優位にあると判断した。現に輸出した金型精度と価格には満足頂いている。

フィリピンでの今後の設備投資は、量産用プレス機械か金型加工用工作機械を検討中である。初取引の顧客から、「本当にフィリピンで金型ができるの?」とよく聞かれるらしい。マーケットの小さなフィリピンの立ち位置は、輸出金型とともにインドネシアと日本で賄いきれない金型の生産と、日本およびインドネシアへの応援駐在で十分に役目を果たせるのだ。

フィリピンという国は本当に治安が悪いのか

フィリピンと聞くと、日本人の80%以上は「治安の悪い国でしょう?」と言う。一度も訪問したことがない国の事情を知らずに、良し悪しを決めつけることは良くない。島国ゆえ誰かが述べたことを鵜呑みにし、裏づけも取らずに信用してしまう国民性は、良くも悪くもある。

フィリピンに限らず貧しい国は先進国と比較して、治安が悪いことは事実だ。3日間も子供にミルクや食事を与えられない親が、金持ちに見える人にお金をねだることは、発展途上国ではよくある行為だ。日本へ発信される周辺諸国のニュースは、経済部の記者が経済動向や輸出実績、為替、投資などについて取り上げた情報がメインとなる。しかしフィリピンのニュースは、なぜか理由が分からないが、社会部が発信するような事件や事故の情報が多いからそうなるのかもしれない。

昔、マニラで保険金殺人事件があった。写真入りで10日間も新聞紙上を賑わせたので、記憶に残っている方もおられるだろう。犯人は日本人だったにもかかわらず、紙面に大きく取り上げられたことと、舞台がマニラというだけの理由で日本人に「フィリピンの治安は悪い」という印象が刷り込まれた。

当社からはこれまで、２人が家族帯同でフィリピン現地社長として駐在したが、延べ10年間、家族の誰ひとり嫌な思いや怖い目に遭わなかった。13年前から毎年、中京大学の学生がインターンシップでマニラへ出掛けるお世話をしているが、これまで90人余りの学生は全員フィリピンが大好きになり、帰国後も友を訪ねる者が多いと聞く。

当社フィリピン事業所は日本からの団体訪問者を年間３００人前後受け入れているが、ほぼ全員が「フィリピンはこんなに良い国だったのか」といって帰国する。「伊藤さんは自分がフィリピンに進出できたから、『フィリピンは良い国』と喧伝しているのでしょう?」とよくいわれるが、それは違う。５年前にインドネシアにも進出したが、フィリピンとは比較にならないほど酷いことが多い。

安倍総理がフィリピンを訪問した際、過去に例がないほど国民から歓迎を受けたが、日本人は平素から尊敬や信頼があるから怖い目に遭わないのかもしれない。某国の国民はすべての人ではないものの、怪しげな商売をしたり、マナーが悪く気性が荒かったりするなどの理由でフィリピン人にかなり嫌われている。そのような人にフィリピンの治安がどう映っているかは分からないが、国対国、個人対個人の平素からの良き交流が、その国の治安にも大きく影響していることを学んだのは確かだ。アフリカのタンザニアで5年間過ごした東京の若者に、「平素から日本人は信頼されているので怖い経験もなかったし、襲われたこともなかった」と聞いたが、その通りだろう。

諸国と比べて半分に満たない昇給に不満を言わない不思議

2009年、ジェトロの依頼で海外進出の講演を行った。当時のインドネシアの給与レベルはフィリピンの70%程度で、親日度と国内マーケットの大きさからインドネシアを推薦した。しかし、8年前よりインドネシアの給与は年々大幅に上昇し、現在はフィリピンを逆転し、逆に30%ほど高くなっている。周辺諸国の給与があれだけ大幅に上昇していることを知りながら、フィリピン人は要求や不満を言わないことが私には不思議に感じられた。当社だけかと思っていたが、そうでもない。現地社員に理由を聞くわけにもいかないので、密かに観察を続けている。

インドネシアの役人に賄賂が多いことは、国民も知るところだ。そんな国民の不満を抑えるため、特に日本企業から高い昇給を引き出すよう、政府が応援しているように思われる。その理由を述べたい。どこの国でも首都圏が最低賃金は高いし、地方へ行くほど低賃金となる。しかし、ジャカルタ市街地より100㎞も東にある日系自動車メーカーが集積する工業団地が、最低賃金が高くなっている。この状況が続くなら、インドネシアは工業国としての発展は望めない。合理化を進め、安くて良い製品を生産し、利益が出てから給与を上げるのが世界の製造業の常識だろう。

金型製作や自動プレスによる部品加工では、多くの社員を必要としない。したがって、フィリピンの平均よりやや高い給与（5～8％）を支給できる。金型技術者にはもっと昇給したいのだが、賃金を対比する同業者が少なく、当の技術者からも不満は出ていない。中国やタイ、インドネシアの金型技術者と比較すると、申し訳ないほど低賃金である。日本は金型生産では利益が出ないと久しくいわれているが、フィリピンでは日本と比較で給与が25％程度と安いものの、その割に金型費を安くしなくても受注できるからだ。

売上高の10％の利益が出ることは珍しくないが、決算会議に出席したときなど、「多くの利益が出て良かったね」とは言うが、「よく頑張ったね」とは言ったことがない。日本より多少安く受注しているのは事実だが、1人当たりの付加価値は日本本社の25％程度だ。しかし、これを日本並みに少しでも近づけるよう生産性を上げれば、さらに良い業績を上げられる余地があるところに魅力を感じている。社員の愛社精神は定着し、技術者の離職はほとんどなく、「イトウサン、次はいつ会社に来てくれるの？」と慕ってくれる社員が、120人いる企業の会長でいられることを幸せに感じている。

日本本社に駐在するフィリピン人たち

フィリピン工場稼働前の1995年には、金型製作を指導するため本社で延べ12人の教育を行った。その18年後の2013年より、4人のフィリピン社員を2年間交代で受け入れることとなったのは、工業高校卒の若者を計画通り採用することが困難になったからだ。日本行きに指名してもらいたくてフィリピンで懸命に働くようになり、日本に来たら再来日したいので真面目に仕事をしてくれる。さらには、インドネシア事業所の社員にこの情報が伝わり、「自分たちも日本に駐在したい」と希望してきた。2020年6月より2人を受け入れることにした

日本で直接指導を受けるフィリピン人社員

が、コロナウイルスの影響でしばらくの延期となった。

正規の就労ビザを取得した彼らは運のいいことに、特別定額給付金を頂いていたと聞いたが、彼らは本当に日本は良い国だと思ったに違いない。当社の幹部から「2年ごとに来日する他の社員と差があっては不公平になるので、帰国時の餞別で調整しましょうか?」と相談があった。そこで私は、「政府から頂いた貴重な金は、4人が帰国するときに現地の社員に寄付するようにすべきだ」と指示した。この案を4人の社員に話したところ大変喜んでいた。

日本では、会社の理由で休暇にすれば最低60%支給しなければならないが、フィリピンではノーワーク・ノーペイといわれ、出勤できなければ1ペソももらえない。4人の駐在者はそれを知っているため、心から喜んだ。フィリピン人は本当に国民同士が愛し合っている国といわれる一方、彼らは貯金をしないし、宵越しの金は持たないという国民なのだ。

第5章

日本の常識が通じないインドネシア

インドネシア金型工業会との連携を深めるため、日本金型工業会の視察・投資ミッション団が2010年11月9日にインドネシア入りし、現地の新聞に大きく紹介された。日本金型工業会として初のインドネシアへの本格的な訪問で、私は団長として参加した。インドネシア工業省のハムダニ次官、インドネシア金型工業会の高橋会長、ジェトロの藤枝氏と私が挨拶した。

工業会によるインドネシア公式訪問で関係強化

私は、「インドネシアの2億5000万人の人口は、マーケットの大きさとしても魅力がある。アジアでも屈指の友好国で、自動車の90％以上は日本車である。日本が保有する精密で生産性の高い技術を持ち込み、貴国の工業発展に寄与したい」とお伝えした。このミッションでは当地の工業省、ジェトロ、当地の金型工業会各社、顧客、通訳、新聞社などに前もって参加のお願いをしておいた。

海外視察において、多数の企業を短時間で訪問するだけでは、決してビジネスにつながらない。今回、日本の工業会会員各社は十分な時間を掛け、通訳を介して合弁相手候補との顔合わせや、現地顧客との商談会を具体的に進められる機会を持った。私がこうしたミッションを計画した理由は、今世紀に入り、日本やドイツの幅広い技術が近隣諸国に広まっているが、日本の金型技術が一歩進んでいる時期に海外と結びつきを強めることが急務と考えたからである。成熟期に突入した日本では少子化が年々進み、若者のモノづくり離れが予想される。したがって、日本が永久にモノづくりで優位に立ち続けられる保証はない。出発前から、「今回の視察は具体的な成果が期待できるだろう」と吹聴していただけに、結果が気になっていた。半年余りが経過し、金型工業会の会合で元団員のみなさんに経過を聞くと、3社が現地への進出を決定したと聞き、ホッとした。

当社は1996年に、初の海外拠点をフィリピンに設けた。マーケットが小さいため、売上高の伸びは緩やかながらも、他の進出企業と比べて業況は順調だ。3000㎞も離れた国で優秀な人材が育ち、あらゆる面で日本本社を支援できる体制が整ったことに満足している。そんな理由から、このミッションでは会員企業のサポートに専念した。そんな私の行動をくまなくウオッチングしていたのは、後に合弁相手となる財閥、アルマダ社のブディヨノ専務だった。その後の経過は次に述べたい。

驚きの好条件に方針転換

ミッションをサポートする合間に、アルマダ社を訪問したときのことだ。ブディヨノ専務に別室に呼ばれると、そこにCEOのリム氏が待ち構えていた。2人からいきなり、「イトウサン、この地で当社と合弁会社を作らないか？」と依頼されたのだ。私は「日本本社とフィリピン事業所ともに現在は多忙で、海外に駐在させる社員がいない。また、当地の事情や経済のことも全く無知であるのでお断りしたい」と伝えた。

前年に、ブディヨノ氏とCEOのご子息が当社を訪問したことがあるものの、条件面や具体案の提示もなく、いきなりインドネシア進出を依頼してきたことには正直驚いた。当社の技術力と近代的な工場が気に入ったのかと思っていたが、後にアルマダ社の管理職に聞いたところ、「イトウサンの経営スタイルに魅力を感じた」とのことだった。込み入った相談や質問もなく、相手を一方的に信用して行動する彼らを私は理解できなかった。2012年6月のインドネシア訪問ではアルマダ社に伝えず出張したが、なぜかブディヨノ専務に見つかり、ホテルにクルマで迎えに来られた。そして、具体的な条件を提示してきた。

5000㎡の工場を用意し、家賃と地代は利益が出るまで不要。床に追加で20㎝のコンクリートを打ち、全工場に走行クレーンを取り付ける。稼働するまでの10カ月間、幹部社員と日本人駐在の給与はアルマダ社が負担し、クルマも貸し出す。800㎡の事務所と設計室はCEOがポケットマネーで建設して寄付する。また、出張者には都心の高級マンションをアルマダ社負担で用意するなど、私も長く海外事業を経験したが、このような好条件はかつて聞い

2010年(平成22年) 11月11日　木曜日 6　The Daily Jakarta Shimbun

初の使節団15人が来イ

「親日的で勤勉

じゃかるた新聞

Menara Thamrin 305
Jl. M.H. Thamrin Kav. 3
Jakarta 10340
Phone : 62-21-230-3830
編集協力 びすく社
© PT. BINA KOMUNIKA ASIATAMA, BYSCH
Rp.12,000

会場で自社製品を紹介する伊藤団長（中央）

日本金型工業会

顔合わせ
と会員企業の
工業省の先端
のハムダニ
DIAの高
DIA会員
約五十人が参
会では、
構（ジェト
シニアディ

現地の「じゃかるた新聞」に掲載された訪問団の記事

オーナーからプレゼントされた事務所棟

たことがない。

これだけの条件で、もしお断りしたときの相手側のショックは相当大きいと心配したほどだ。アルマダ社から最初にオファーをもらい、しばらくしてフィリピン子会社でインドネシア・プロジェクトの説明会を行った。海外に出て指導ができるレベルの技術者は20人ほど存在するが、全員が手を挙げてやってみたいと言い出した。予想外に多くの希望者がいたことも、インドネシア進出の決め手となった。

進出6年目を迎えて利益が多少期待できるようになり、地代と家賃で40万円は安すぎるので80万円払いたいと申し出た。すると、「まだ安定期に入ってないから、20万円だけの追加でよい」といわれた。本当に良い合弁相手に恵まれたとしみじみ感じた瞬間だった。

中小企業の海外進出の成功率を下げる日本の税法

私はインドネシアの進出に乗り気でなかったが、合弁相手の熱意と手厚い援護で設立したIto-Seisakusho-Almada（ＩＳＡ）は6年が経過し、２０１９年から利益が出るようになった。合弁会社の責任者として、フィリピンで5年間社長を経験した川崎剛司取締役を、5年間駐在員として派遣した。その他に技術者を最低でも2人派遣しなければならない。これに、日本の税法が大きな壁となることを述べたい。

進出後、社員の教育や営業活動で利益が出るまで、最低でも3年を要する。給与や航空券、食費、住居費など少なくとも３人であれば、３年間で９０００万円の経費が必要だ。税務署はこの経費を「合弁会社から支払ってもらうか、寄付金として計上し税金を払え」と要求してくる。合弁相手は設立前に1億５０００万円を工場の補修費として出費し、毎月の地代と家賃（２５０万円）に目をつむってもらっているのだ。この状況で日本側がロイヤリティーとして請求すれば、日本に対する信頼は一気に下がる。売上がない時期に双方が経費を要求すれば、会社はたちまち倒産となる。その経費は先方が格段に多い。

当社は、駐在員不足とこの税から逃れることを考慮し、日本ではなくフィリピンから技術者を４人駐在させることにした。これが大成功したことは後に述べたい。フィリピン政府は寄付金に対する税という認識はなく、大いに助かった。もしその税法があるとしても、給与と住居費の安いフィリピンの寄付金総額は、日本本社の15％程度と非常に安い。

国内で損益がスレスレで経営している中小企業が多い中、寄付金認定されて余計な税金を払ってまで海外に出る余裕がある企業は多くあるまい。また、国内では利益が出ないが、海外の子会社からの利益の送金でしのいでいる企業が多い。私案だが、この支援経費は５～６年程度繰り延べし、将来利益が出た時点で相殺するようにしてはどうだろう。多くの企業が海外で成功すれば、税収の増加は大いに期待でき、ぜひ検討して欲しいものである。

2002年に、当社のマニラ駐在責任者が急逝したことは前に述べた。さっそく4人の社員が火消しとして10カ月間駐在したが、後日、これらに要した経費に対して寄付金とされ、税の支払いを要求された。私は、「今、会社を畳めば2億5000万円の欠損が出る。緊急事態のこの経費を試験研究費のようにして頂けないか？」と頼んでみた。その代わりに、数年後には必ずあり余る配当を取れる企業に成長しているからと訴えたのだ。事実、この緊急事態の3年後には日本に利益を還元できる優良企業に成長している。

税務署員が税法にある通りに判断することは、公務員として当然の行為とは思うが、彼らが経営感覚を持って判断できるのなら、日本の税収はもっと多くなることは間違いない。税は払うか払わないかしかないのだが。

フィリピン技術者を派遣

フィリピン子会社でインドネシア進出の説明会をしてから1カ月後、アルマダ社との合弁会社設立に関して、ブディヨノ専務と本格的な協議に入った。当社の進出条件として、「フィリピンで社長としての経験、実績がある川﨑剛司を派遣する。技術者はフィリピンから当初4人を駐在させる」と伝えたところ、彼の顔が急に曇った。「イトウサン、金型技術は日本人から学びたい」――。これは当然、予想していた回答だった。

というのは、どこの国でも隣国同士は仲が悪い。インドネシアは、国境問題などでマレーシアともトラブルが絶えない。フィリピンはインドネシアと比較して人口や資源が少なく、たぶん格下の国と見ているに違いない。そんな国の技術者から最新の金型技術を教わることは屈辱、と考えることは容易に理解できる。

私は、「フィリピンは格下の国で、『日本人から学びたい』といわれる意味はよく理解できる。私だって、近隣の韓国や台湾の技術者に教わるのは抵抗を感じるだろう。ただし、以前から伝えていたが、日本から派遣できる人材の余裕はない」。さらに、「彼ら４人は教えに来るのではない。金型を作るために駐在する。日本とフィリピンからしばらくは金型図面を送り、そこでインドネシアの若者と一緒に金型を製作すれば、売上も早く計上できるから新会社を早期に軌道に乗せられる」と説明した。また、「いずれインドネシアの若者に自信がついたら、順次フィリピン人を帰国させる」とも伝えた。

私はブディヨノ専務に、「派遣するのはフィリピン人だが、15年余り日本流の技術を学ばせたので、日本人と遜色のない技術者だ。しかも彼らには語学力がある」と説明した。彼は「この申し出を断れば、イトウサンはこのプロジェクトに幕を引くだろう」と思っただろうが、事実私もそう考えていた。

インドネシアの合弁会社は2013年11月に稼働し、フィリピン人が現地社員を教育しながら、早くも2カ月後には高精度の金型を作ってしまった。日本やフィリピンから設計図面を受け取り、ベテラン技術者が4人合流し、現地にはフィリピンと同等の設備が備わっているので、精密金型ができたことは我々にとって何も不思議ではない。しかし、周囲からは「日本の技術者が誰ひとりいない中、なぜそんなに早く高度な金型ができるのか?」と評判になった。フィリピン人技術者が現地人と似ているので、そう思ったのだろう。

4人の技術者は現地のスタッフと一緒に、初年度に28型も製作するほどの結果を出した。1年間の駐在期間が終わり彼らの帰任が決まると、ブディヨノ専務は「彼らはよくやったので、駐在を延ばして欲しい」と頼んできた。私は、「他にも多くの技術者が当地の駐在を希望している。次も優れた技術者を送るから心配ないよ」と説明した。

現地のスタッフの英語力は予想以上に高かったことで、結果的には日本人が教えるよりも、はるかに早く技術を伝承できたのだろう。金型製作だけではなく、品質管理もフィリピン人の指導でISO/TS16949を取得した。この規格は日本でもまだ取得できない。決算期にはフィリピンにいるローズが延べ2週間滞在し、決算書まで仕上げてしまったのだ。

インドネシア事業所設立調印式の様子

自動車のボディを作る 1,500ton ロボットライン（アルマダ社）

理不尽な法律や習慣

友好国でマーケットの大きいインドネシアで素晴らしいパートナーに恵まれ、胸躍らせる6年半が経過した。これまで業界の多くのみなさんにインドネシアの長所を伝え、進出先としての優位性を私なりに紹介してきた。しかし、6年間の経験から、他国では見られないような問題点があることも少なからずあった。当社だけでなく、多くの企業も頭を抱えているようだ。ここで実際に起きたトラブルや独特の法律や習慣、問題を提示したい。

まず生活面から。インドネシアのインフラの悪さはご存知と思うが、高速道路の渋滞がひどくなってから工事を始めるため、さらにひどい状況になっている。駐在員は、マンションから高速道路でわずか25㎞しか離れていない会社まで、毎日片道2時間以上掛けて通っている。ゴルフのプレー代やカラオケは日本以上に高額だ。1400円程度の焼酎がレストランでは1万2000円もするなど、駐在員にとっては日常生活の楽しみも奪われている。ゴルフ場でパスポートを携帯していないことで、当局の者に日本円で5万円もの罰金を支払った話も聞いた。やはり、日本人からは金を取りやすいと思われているのだろうか。この金は彼らのポケットに入るらしい。

ビジネスにおいては、日本やフィリピンでは考えられない法律が存在する。ジャカルタに輸送した機械は数カ月も港に滞留させられ、早く引き取りたいと伝えると、１台数十万円を要求され領収書も出ないという。さらに翌月には、高額な保管料の請求に頭を痛めることになる。まさに泥棒に追い銭と同じだ。売上が１円もない状況下では非常に堪える。

日本から輸出した機械や金型などに不具合が出た場合、直ちに対策をしなければならない。このような緊急にサービスをしなければならない場合でも、１カ月掛けてビザを取得しなければならない。これでは、モノづくりの円滑な遂行に大きくブレーキが掛かり、国が製造業の足を引っ張っている典型的な事例といえる。海外で働くには就労ビザを取得する必要があるが、この国では各県で取得を要求される。他国ではあり得ない法律だ。私が聞いた限りでは、ビザのない日本人が作業服を着て工場に入っただけで、数十万円支払わされた例がある。

理屈に合わない税法

設立後、数年間は赤字経営となるが、その間にも理由の分からない名目で税を徴収される。経営者は利益が出るまで何年でも無報酬で働くが、税務署は「あなたなら60万円程度の給与を取るだろう。無報酬はそちらの勝手だから、その所得税を払え」と言う。私は自分の給与を辞退して、早くこの国でも税金を払える会社にしたいと考えていたが、それを聞いて少なくとも私はこの国での納税意欲はなくなった。

経営者は命を懸けて起業し、駐在員は家族とも離れ、異国で慣れない生活をして頑張っている。会社の赤字を知っていても、10％以上の昇給を平気で希望する社員は私の人生で初めてだった。会社に利益が出るように努力し、「儲かれば給与も上げて欲しい」と考えて欲しいものだ。給与に関してインドネシアでは独特のやり方を知っておく必要がある。どこの国でも10万円の給与をもらったら、税金は自分で払うのが常識だ。しかし、インドネシアでは10万円の給与は手取りなのだ。したがって、税金は会社が払うことになる。

インドネシアのこうした悪しき事例や良くない評判が広まれば、優秀な外資企業の進出は激減するのではないか。現に、同国からの撤退を考える企業も多い。ただでさえ海外進出には苦労が伴うものであるから、現地の行政は進出企業の立場でサポートして頂きたい。インドネシア側が早い時期に、多額の法人税を徴収できるようにするためにも。

第6章

安倍総理と経済ミッション団が東南アジア4カ国訪問

２０１７年1月12日から17日まで、安倍晋三総理のフィリピン、インドネシア、オーストラリア、ベトナムの４カ国歴訪に同行する機会を得た。76社に及ぶ経済ミッション団の１人として招待されたものだ。私はひと足先に当社の現地法人があるマニラへ飛び、現地で合流した。総勢76人のうちフィリピンには28人が参加した。〝日本・フィリピンビジネス会合〟で私はフィリピンでの取り組みを紹介する機会を頂き、次のように発表した。

フィリピン進出が正しかったことを改めて痛感

「当社のフィリピン現地法人Ito Seisakusho Philippines Corporation（ＩＳＰＣ）は１９９６年に設立しました。タイでの合弁会社設立を断念して、あえてフィリピンに決めた背景には、①進出企業への税制優遇、②フィリピン人の高い教育レベルと語学力、③日本に対する世界屈指の友好国、④日本から近く、同じ島国で国民性などに共通点が多い、ことがあります。アジアでは日本以外で最も早く自動車生産を始め、モノづくりのセンスが良いことも大きな要因です。マーケットの小さなこの国に進出することに、当初は反対の声があったものの、結果は正しいものでした」

「現地スタッフはみんな金型づくりが楽しそうで、『会社もイトウサンも大好き』といってくれます。設立以来、家族的な経営に心掛け、わずか6年余りで日本と同レベルの技術を習得したため、日本人技術者の２人が帰国できたことで利益は急増しました。過去に輸出した実績で、今や日本やインドネシア、タイ、メキシコなどから〝メイド・イン・フィリピン〟の金型は高く評価されているのです」

「２０１7年4月には精密金型の〝輸出専用工場〟が完成し、5年後の２０２２年にはアセアンでナンバーワンの生産量を目指します。『精密金型のフィリピン』といわれる時代はもうすぐです。２０１３年にはインドネシアにも進出しましたが、操業開始に当たってフィリピン人のトップ技術者4人が金型製作を指導しました。日本の技術がマニラ、そしてマニラからジャカルタへ伝わることになりましたが、当社のフィリピン進出が正しかったことがお分かり頂けたことと思います」

ビジネス会合終了後、フィリピン政府の大勢の関係者が、微笑みながら握手を求めてきた。駐在しているジェトロのみなさんにも大変喜ばれた。

政府専用機でドゥテルテ大統領の故郷を訪問

ビジネス会合が終わり、マラカニアン宮殿での晩餐会で食事と交流を楽しんでから、豪華なホテルで体を休めた。2日目はドゥテルテ大統領の要請で、彼の故郷ミンダナオ島のダバオ市を訪問することになっていた。早朝4時に起床してニノイアキノ空港へ向かった。

真っ暗な滑走路の横に、臨時のセキュリティー・ゲートが作られていた。もちろん、我々ミッション団のためだけに用意されたものだ。手荷物の検査を終えて50mほど歩き、移動式タラップから政府専用機に乗り込んだ。垂直尾翼に日の丸をあしらった機体は登り始めた朝日に輝いていた。〝ヒコーキ野郎〟の私にとって専用機への搭乗は一生の思い出となるだろう。専用機は万一のトラブルを考慮し、常に2機体制で飛行していることは知っていたが、経費のことを心配してしまうのは中小企業経営者の性ゆえだろう。

ダバオの国際空港の滑走路がやや短いことで、専用機は北海道千歳の航空自衛隊基地からわざわざダバオまで離着陸の訓練に来たとのことだ。両国首脳の約束を守るためには当然の行動だろう。専用機は、パイロットからキャビンアテンダントまですべて航空自衛隊員が担当している。当時はボーイング747ジャンボ機だったが、機体が旧式となり燃費も悪いため、2019年4月に2代目機種としてボーイング777型機が採用された。

ジャンボ機の機内は手入れが良く、廃却はもったいないと思っていたが、一機8億円程度で売却したと聞いて、程度の良い機体を知っていたので安いなと思った。案の定、米国で2倍以上の価格で販売するそうだ。ボーイング777は現在世界で主流の大型機で、航続距離が長い

日本・フィリピンビジネス会合

政府専用機の機内

ため多くの国が国際線に採用している。

専用機の隣に、たまたま大韓航空のボーイング747がハンガーに駐機していた。政府専用機といえば、韓国の文在寅大統領の移動は大韓航空からリースされたものだが、それが国力の違いだろう。文大統領は専用機を欲しがっていると聞いていたが、野党時代に李明博元大統領の専用機導入に大反対した経緯があるだけに、導入は実現しないだろう。

現地での熱狂的な歓迎ぶり

我々がダバオに到着したときに出迎えた市民、とりわけ子どもたちの歓迎は熱狂的だった。大統領や市長が「安倍総理一行を歓迎するように」と大声で呼び掛けていたとしても、あれほどの盛り上がりにはならないだろう。

私は20年余りフィリピンを頻繁に行き来しているが、フィリピン人は本当に日本人を尊敬しているし、大好きであることを何度も体験したが、改めて実感した。日本の首脳一行があれほどの歓迎を受けたことを、日本国民として誇りに思うと同時に、これほどの歓迎を受ける国が世界に他にあるだろうか、と考えた瞬間だった。残念なことに世界に向かって胸を張れるこのニュースを、日本のメディアはほとんど報道しなかった。自国の総理が海外で高く評価されて

マラカニアン宮殿でドゥテルテ大統領と

ミンダナオ国際大学で大歓迎を受ける一行

いるシーンを、メディアは国民に見せたくないのだろうか。

さて、世界的には何かと注目を集めるドゥテルテ大統領だが、国内では8割を超える高い支持率を維持している。当社の社員はほぼ全員が大統領のファンだ。実際、彼に会って話してみると、魅力的でとても好感が持てた。

ボゴール宮殿での晩餐会

安倍晋三総理に同行し、1月12日はフィリピンのマラカニアン宮殿、15日にはインドネシアのボゴール宮殿での晩餐会に民間人の私が参加できたことは光栄で、一生忘れることのできない時間だった。ジャカルタは常に交通渋滞が激しく、泊まったホテルからボゴール宮殿までは通常2時間近く掛かるが、この日は高速道路を封鎖し、パトカーが先導してくれたおかげで、35分で到着できた。ただでさえ交通渋滞が慢性化しているジャカルタでの交通規制は、インドネシア国民にとっては大変迷惑なことだろう。

夕刻前に安倍総理とジョコ・ウィドド大統領による首脳会談が行われた。引き続き、インドネシア歴訪に参加した27人の民間人から7人が選ばれ、大統領閣下や大臣に発表の機会が与えられた。そこで、私が発表した内容を以下に要約する。

インドネシア投資ビジネスフォーラムでの開催セレモニー

ボゴール宮殿で安倍総理、ジョコ大統領と

「このたびの会合で、当社を紹介させて頂く機会を頂戴し感謝しています。当社は2013年、当地の財閥であるメカル・アルマダ・ジャヤ社と合弁会社をブカシ市のタンブンに設立しました。順送り金型製作を得意としていますが、この金型は精密な金属部品を高速かつ無人で打ち抜くことができます。50年余り順送り金型製作に特化したことで、無類の技術と経験を有しています。この技術を当地に移転したことで、すでに多くの顧客から受注を頂いています。インドネシアでは近年、自動車の生産が増加しています。年々賃金が大きく上昇している昨今、品質とコストで競争力のある順送り金型を広めることで、インドネシア自動車産業の競争力向上に貢献したいと考えています」と発表した。

驚いたことに、私の斜め左に座っていた大統領と、2人の大臣が静かに拍手してくれた。製造業の堅苦しい発表内容と考えていたのだろうか。どこに興味を持って頂いたかを知りたかったが、確認する機会はなかった。なぜ、私だけ拍手されたのかは分からないままだ。

インドネシアはアセアン諸国の中でも労働組合が最も強いといわれ、5年間で賃金が約2倍になった。インドネシア政府は毎年多額の昇給を期待していて、彼らは給与を上げれば先進国になれると思っていても、それは国民に対するご機嫌取りにしか思えない。

2017年10月、私は東京で開催された「インドネシア投資ビジネスフォーラム」で講演する機会を頂いた。インドネシア工業省の大臣に、「賃金を上げるのと同時に生産性を上げなくては、近隣の工業国には価格で勝てない」と申し上げた。すでに合理化が進んでいるタイと比較して、自動車やバイクが割高であることをインドネシアの経財省は認識している。そんな理由でジョコ大統領が拍手を送ったのは、日本の金型技術に期待したのだろうと想像するが、あながち間違ってはいないと思う。

安倍総理ハノイで内外記者会見

安倍晋三総理のアジア４カ国歴訪では、海上の安全や経済分野での相互協力など各国首脳と様々な協議をした。安倍総理の行動に対して、中国・新華社通信は一連の行動を大きく報道した。今回訪問するアジア４カ国とのますますの友好を重ねることに対する、安倍内閣の動向を相当意識しているようだ。

フィリピン、オーストラリア、インドネシアに順次訪問し、最後の訪問国ベトナムではハノイのシェラトンホテルで総括の内外記者会見が行われた。近年、世界に存在感を示している安倍総理に各国が耳を傾けるこの会見で、信じられないことに安倍総理は当社の海外事業について触れた。安倍総理のスピーチの全文を紹介したい。

安倍総理が当社を紹介

「20年前、フィリピンに進出した三重県の金型メーカーは長年、人材育成に取り組んできました。今や、高度な金型も現地のスタッフのみなさんだけで製作できるそうです。4年前、インドネシアでも合弁会社を設立し、同じようにインドネシアの若者たちの技術向上に取り組んでいます。日本の技術を単に持ち込むのではなく、人を育て、しっかりとその地に根づかせる。これがニッポンのやり方です」と述べたものだ。

そのときインドネシアにいた私に、本社の幹部社員からラインが届いた。「安倍総理がハノイでの記者会見で、当社のことを熱く語ってくれて鳥肌が立った」と。今回のミッションに参加したとはいえ、当社のことを直接取り上げてもらえたことは光栄至極だった。駐在社員は「マジっすか！」といい、全身で喜びを表していたが、日本の金型メーカーにとってもありがたい内容だった。帰国後、多くの異業種の方からも喜びの言葉が届いた。「伊藤さん、政府は何百億円の利益を出す大手企業だけではなく、我々のような中小製造業にも関心を持っているんですね」と感激したのは金型メーカーだけでない。熱処理メーカーや切削メーカー、食品加工メーカー、陶磁器メーカーなども感激したのだ。

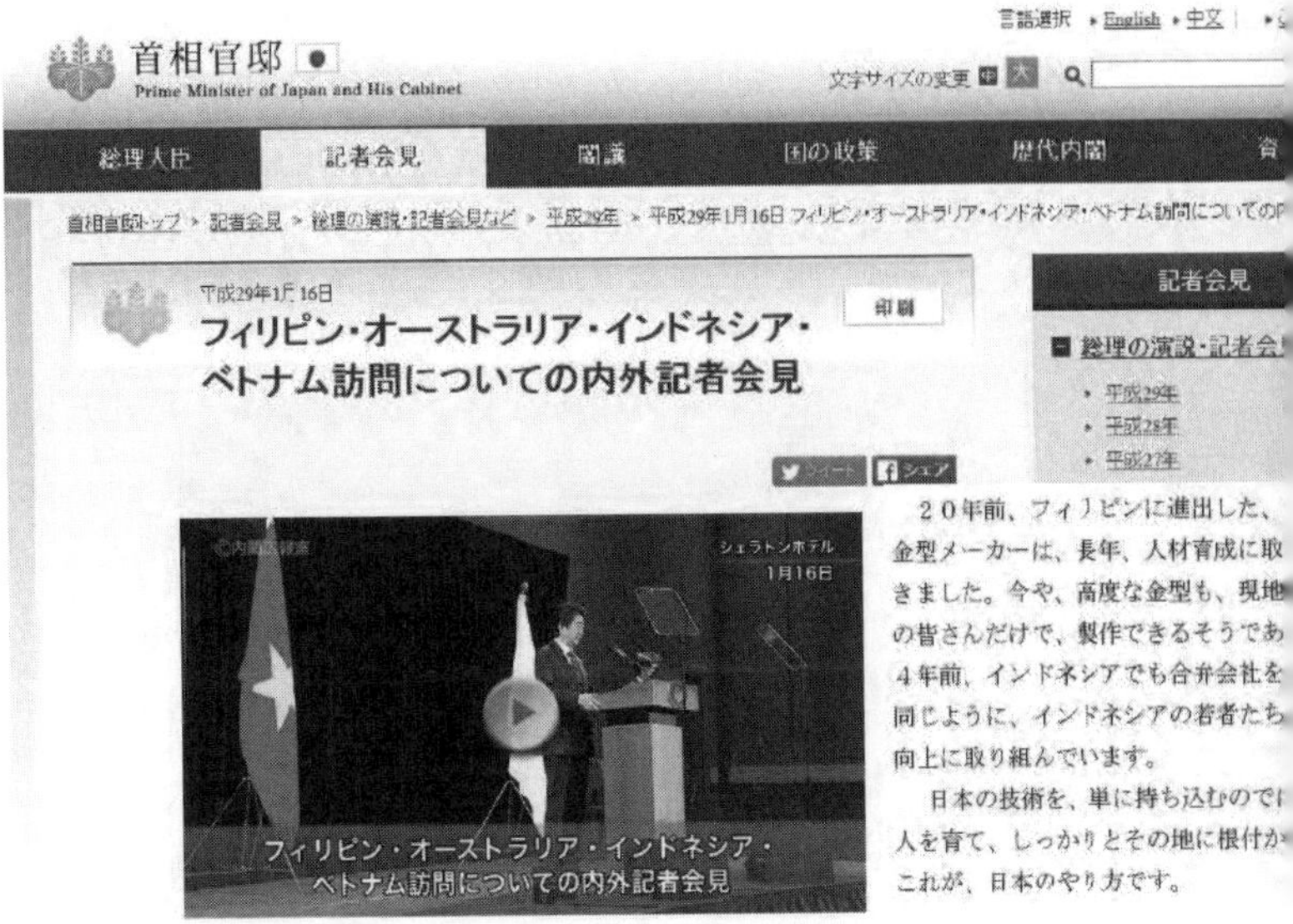

ベトナムの記者会見で当社について述べた安倍総理

海外で私が現地の役人に会うと、彼らは日本の中小製造業の技術を高く評価してくれている。日本政府にも「日本の中小製造業の具体的な強さ」が海外の役人からも伝わっているに違いない。平成29年度補正予算では、モノづくり中小企業の経営向上支援事業を活発に行って頂いているが、わが業界の一層の努力を忘れてはならない。

ドゥテルテ大統領来日の晩餐

フィリピンのドゥテルテ大統領は、2017年10月25日から31日まで来日した。その年の1月に安倍晋三総理がアジア4カ国を歴訪した際、大統領の故郷であるダバオまで政府専用機で駆けつけたことのお返しの意味だろうか。この機会に私は、首相公邸での晩餐会にご招待頂いた。日比両国で70人程度のこじんまりした晩餐会だった。

日本側の参加者は総理夫妻、麻生副総理、各大臣、大使、秘書官、補佐官たちであった。民間から招待を受けたのは7人だけで、とても光栄に思った。母親がフィリピン人である元AKB48の秋元才加さんはフィリピン観光親善大使として晩餐会に参加していた。2017年1月のフィリピン訪問時、安倍総理が国を挙げての大歓迎を受けたのを私は目撃している。あのときの盛り上がりと比べ、この晩餐会は「何かあったのかな？」と思えるほど静かな雰囲気

ドゥテルテ大統領訪日時の晩餐会に参加（首相公邸）

両国首脳が歓談

だった。素人考えかもしれないが、私は次のように推測をした。

フィリピンの立ち位置を推測する

実は来日の2週間前、ドゥテルテ大統領は中国を訪問した。中国の新華社通信によると、ドゥテルテ大統領は中国との連携を強化したのだ。また、日・米・豪・ベトナムが盛んに注文をつけていた南沙諸島での中国の軍事行動に、ドゥテルテ大統領は何ひとつクレームをつけなかった。オバマ前大統領と折り合いが悪かったこともあり、対米批判の放言など日本以上に米国は困惑したようだ。

「親日・親米・反中」だったアキノ前政権と同じ政策であろうと期待していた日本政府は、フィリピンに多額の支援を行った。鉄道や地下鉄に対する資金の援助、海上自衛隊の双発練習機、大型巡視船2隻を供与した。大統領の祖父が中国人であることで、中国とのつながりもあるだろう。何らかの政策の変化は予想していただろうが、ドゥテルテ大統領の中国に対する親密さは、日米の予想を大きく上回るものだ。あるいは、中国から日本以上の支援があり、両天秤を掛けているのであろうか。

かつての宗主国である、米国に対する反植民地感情が底流にあることは間違いなさそうだ。

米国としてはフィリピンをつなぎ止め、同盟関係を維持したいところだ。アジアの対中国包囲網からフィリピンを失うことは大きな痛手となる。日本を絶対的に信頼し、良い関係を維持しているフィリピン政府に対し、安倍総理の外交手腕に期待が掛かっている。

日韓の正しい歴史本が今、韓国でベストセラーに

戦後40年余り経過した頃より、日本に対して歴史に対する謝罪と賠償を何度も〝お代わり〟を続ける韓国。過去に例がないほど反日を武器に左派政権を維持したい文在寅大統領。戦後レジュームから脱却させたい安倍総理が同時期に日本のリーダーであることで、日韓関係は戦後最悪となっているのは当然といえる。

韓国では歴史やビジネス、外交においてすぐばれるような嘘をつく。嘘や歪曲以外に、ビジネスでも余分の利益を出すためか手抜き工事も珍しくなく、国内外で建設した橋やビルが数年で崩落した事実は読者もご存じであろう。諸外国で同国の信用を落としている。

幸い私の韓国人の知り合いでそのようなウソを言う者に出会ったことはないが。特に問題と思うことは歴史の嘘（歪曲）だ。日本の国民や政府は過去、このことにいちいち反論してこなかったことが、韓国人をわがままにさせたのだ。

日本人は他人や他国の悪口、陰口を言うことを良しとしない。だが、韓国が慰安婦の謝罪と賠償のお代わりを今後も続けるなら、「ベトナム戦争で韓国兵が強姦して生まれた数万人のライダイハン（韓国人とベトナム女性との混血児）と虐殺した遺族に謝罪と補償をしたのか？」と大声で言うべきだ。

今も差別で苦労している混血児が日本軍人の子であれば、韓国は日本と世界に対して毎日のように非難をするだろう。現在まで韓国政府はベトナムに対して謝罪はないし、罪を認めようとしていない。集団強姦は、慰安婦とは比べようもない犯罪なのだが。

日本の経済力や技術力、多数のノーベル賞、昨年は〝良い国〟としてスイスに次ぎ世界で2番になっていることなどに、韓国人はうらやましく思うと同時にいまいましく思っている。したがって、歪曲された日本の歴史を他国に発信することで、〝日本より韓国の方が良い国〟と思われたいのだろうが、これは中学生程度の発想だ。

勇気ある学者の一石

今、報道管制されている韓国で信じられないことに、日韓の正しい歴史や思想が書かれた書籍、『反日種族主義』がベストセラーとなっている。著者は李栄薫教授（ソウル大学名誉教授）

だ。内容の一部を紹介すると、
▼最低賃金の急激な引き上げにより国の経済はさらに悪化する。
▼韓国経済の実態と特質を知らない素人政権は、分配思考と規制一辺倒の政策に固執している。
▼無能で無責任な政治家が権力を握る場合、いかに大きな混乱を招くかを教科書的に示している。また日本との葛藤を増幅させ、韓日友好協力関係を破綻させる。
▼１９６５年の日韓協定で両国間、両国国民間一切の請求権が消滅した。その後50年間協定を守ってきたが、突然、韓国最高裁が日本企業に賠償するよう命令を出した。これは請求権協定を破棄するということだ。
▼多くの韓国人は教科書や映画、歴史書で接した通り、日本が植民地支配の35年間、韓国人を抑圧、搾取、収奪、虐待したとあるが、この通念は事実に基づいていない。
と同書は伝えている。

現在までの私の韓国観からして、李教授の身に危険が及んでも不思議でないほどの書籍であり、文政権には大打撃となる内容だ。彼が暗殺される可能性もあるが、絶対にそうならないことを祈る。なにしろ２０１３年ソウルの公園で併合時代を経験した老人が、「君らが言うのは間違いだ。日帝の統治時代は良かった」と話したことで若者に撲殺されたのだ。

それでも李教授は、無能の新政権のため諸外国から信用を失い、国家破産しても不思議でない経済の悪化に危機感を持ち、先進国として母国の真の発展を願って出版に踏み切ったのであろう。過去において日本には多くの偉人や侍が日本国を良い方向に導いてきたが、李教授は韓国の真の侍であり現代の英雄だ。韓国には安重根という〝英雄〟がいる。１９０９年、中国のハルピン駅で伊藤博文総理を暗殺したテロリストだ。この人物が英雄であるということは、韓国の歴史上どこを探しても真の英雄がいないことを表している。

実現遠い日韓のコラボ

文大統領は経済や外交に無知であり、その無能のリーダーシップによって、韓国にとって取り返しのつかない経済低迷と修復が不可能なほどの日韓関係となった。歴史に〝ｉｆ〟はないが、もし文政権が生まれる以前にこの書籍が出版され、多くの良識のある韓国人に日本との真の歴史を理解してもらっていたら、今の日韓関係にはなっていないだろう。

歪曲された歴史で日本を苦しめ、世界にそれをアピールすることは、韓国人にとって気分が晴れるだろう。しかし、それが自国の経済低迷となり、世界で信頼を落としてまで行うメリットがあるのかを考えるべきだ。

日本と韓国が互いに信頼できる交流を保てていれば、日韓の共存によって韓国は世界の先進国として歩めただろう。私が知る韓国の大学教授や官僚、金型関係者、学生のレベルは非常に高い。日本の長い歴史と幅広い技術力、それに頑張り屋さんの韓国人とのコラボが成れば、世界最強になれる資質はある。しかし残念なことに、現在の文政権下で日韓関係が修復される可能性は１㎜もない。

日本が得意とする半導体生産がサムスンに移った理由

韓国は、日韓関係の悪化のためホワイト国から外されたり、米中貿易摩擦によるファーウェイとの関係にも影響が出始めたりしている。そうして韓国経済が窮地に立たされている現在でも、サムスンは韓国のトップ企業だ。

過去には、日本のマスコミから「飛躍し続けるサムスンを見習え」といった報道もされた。当時は幅広い技術を持ち、新製品開発力がある日本の家電メーカーが韓国に負けるわけがないと、大方の日本人は考えていた。しかし、ご存じのようにサムスンは世界でも有数の製造業になり、売上高や利益は世界でもトップクラスになった。

なぜ、サムスンが日本のトップ企業の上に行けたのか。企業が躍進するための条件として、技術力は必要条件であって十分条件ではない。モノづくりの観点から、具体的に同社のノウハウを私が知る限り述べたい。

前例のない生産体制

日本は戦後わずか19年目の１９６４年に新幹線を走らせ、その前年には高速道路も開通した。敗戦で世界の最貧国になった日本がわずかな期間に急成長したことに、世界中の人々は目を見張った。１９７５年頃には世界のユーザーが飛びつくような多くの魅力的な工業製品を輸出した。そして１９８０年頃、米国が得意としていた半導体の半数以上を日本企業が生産するようになった。

これに危機感を持った米国は、韓国での生産をもくろんだ。覇権国である米国は、軍事や外交、経済、重要工業製品において自国を揺さぶる国を許さない。過去にはドイツや日本の軍事増強を許さなかった。現在は中国のファーウェイに圧力を掛けている。

日米が技術を教えてサムスンが半導体の生産に入った頃、米国は日本の半導体に多額の報復関税を掛けた。たちまち日本のシェアは下がっていった。李明博元大統領が「技術でも日本に勝った」と威張ったが、実情は米国に勝たせてもらったのだ。

そのサムスンが、なぜスマホで世界Ｎｏ．１になれたのか。サムスンの躍進が始まったのは半導体と液晶、有機ＥＬからだった。日本人技術者の引き抜きを熱心に行い、さらに李会長の号令とともに巨額の設備投資を行ったことが大成功につながった。カメラやテレビ、家電製品などは月間10万台程度販売できればヒット商品といわれているが、世界中のユーザーが飛びつくようなスマホなどは月間１０００万台以上の生産能力を必要とする。

日本でも携帯電話を月間30万台程度生産した企業はあったが、月間数千万台を生産するサムスンと比較すれば、価格ではどうしても勝てない。さらに開発費が半端な費用ではないため、その点でもサムスンにはついていけなかった。

なにしろ月間数千万台という莫大な量を、発売と同時に生産しなければならないのである。プラスチック部品やプレス部品、ゴム、スプリング、ケースなどを短期間でそれだけ生産するには様々な金型を瞬時に数百型製作しなくてはならない。この生産準備に数カ月かけていたのではユーザーの要求に応じられない。しかしサムスンは、超短期間で金型を製作できる工場とシステムを完成させた。

例えばプラスチック部品を生産する同一の樹脂金型を１００型製作するのに、日本であれば半年程度掛かるところを、サムスンは10日余りで行う。荒取りや穴開け、放電加工、研磨、熱処理などの工程を分業化し、１００人単位の作業者が工程別に量産部品を製造するような速いスピードで、金型を製作するのである。過去にない大掛かりな生産方式をやり遂げられたのは、サムスンに李会長という先を読める経営者がいたことに尽きる。

技術力だけではダメ

サムスンだけではない。双葉電子工業の韓国合弁会社（起信精機）は、サムスンから同じ型のダイセットを一度に数百型単位で受注しても、数日で納品できる体制にある。短納期で価格面でも大幅に安く造れる。仮に日本でこの生産システムを取り入れようとしても、経営上不可能だろう。大量生産設備に巨額の投資をした新製品がもし失敗し、数千億円単位の損出が出れば、株主からクレームが出て経営責任を問われることになるからだ。

そこが、オーナー企業経営者の卓越した経営手腕との違いである。もし失敗すれば巨額の損出が出るかもしれないが、新製品が軌道に乗ると毎年数千億円の利益が出る見込みがあれば、生産を決断できるのだ。世界のトップ製造業になるには、技術力以上に経営者の優れた判断力がなければならないことが分かる。

一方、株主を大切にしている日本の大手企業で経営に大きなミスがあれば、経営責任を問われることになる。日本が先端技術分野で世界屈指の企業を育てるには、責任と資金面で国が後ろにつくしか手はないだろう。

サムスンは韓国を世界から技術先進国と言わしめるほど実績を上げ、自国に大きく貢献した。李会長の長男である副会長が、朴前大統領に些細な寄付をしたことで、文在寅大統領一派に実刑を科される可能性があるが、李家は無念に思っているだろう。現在でも日本の幅広い技術力は韓国とは天地の差があるが、ビジネスで世界のトップになるには、技術力だけではないことを忘れてはならない。

韓国の大学の名誉教授を降りた理由

2005年6月、私は国立ソウル産業大学校（現・国立ソウル科学技術大学校）の名誉教授となった。ソウルには国立大学が2校しかなく、極めて優秀な学生がいる。1982年に韓国で初めて国立大学に金型学科を設立した柳教授が、当社を3度訪問され、「イトウサンに教授をお願いしたい」と粘られたのが縁だ。当時も日韓関係が決して良いといえる状態でなかったが、韓国の学会と産業界は違っていた。日本と交流することでしか韓国の発展はないと考え、1970年代からの目を見張る日本経済の発展の原動力が金型にあることを見抜いていた。そこで、アジア諸国では最も早く大学に金型学科が設立されたのだ。

当時、私が日本金型工業会の副会長で、国際委員長だったことが依頼の理由だろうか。韓国の国立大学は予算が厳しく、「イトウサンがソウルに出張する日程が決まれば、それに合わせて授業を年2、3回頼みたい。申し訳ないが航空費を支払える予算はない」と言われ、講義料は1回30万ウォン（当時の日本円換算で3万2000円）に決まった。毎年7月の夏季休暇に、学生のインターシップの2週間受け入れにも調印した。韓国金型組合からの依頼で、講演も定期的に実施した。また、サムスンやLGなど有名な大手製造業からの見学を毎年受け入れている。金型設計の教授だったが、学生に設計の実務は一切教えなかった。日韓の製造業の違いや金型の重要性、製造業の大切さなどの範囲にとどめたのだ。

そんな中で事件が起こった。2011年12月、よりによってソウルの日本大使館前に慰安婦像が設置された。これは明らかに国際法にも違反する許し難い行為だ。私の周辺の韓国人の中にも、残念ながら「一部の団体がすること」といって済まそうとする人が多い。そうだとすれば、政府やマスコミ、国民がこれを止めないことに問題がある。この行為が、日本はもちろん周辺諸国から顰蹙を買うと思われていることすら分からないのだ。

それから1週間後、私は大学や金型組合、産業経済資源省の要人、教育機関に「大使館前の慰安婦像が撤去されるまで、韓国での活動を一切中止する」というメールを送った。この通達でソウルは大騒ぎとなった。「あのイトウサンを怒らせてしまった。『李大統領が陛下に謝罪し

ソウル産業大学校での名誉教授就任調印式

韓国で最後の講演会

ろ』と言ったのもまずかったかな…」と話題になったらしい。以来、9年間に何度も講演や講義の依頼は来たが、韓国金型技術者の集まる総会で一度講演しただけである。これは、当社フィリピン子会社の金在珍副社長からの強力な依頼だったためだ。

真実であれば苦言も受け入れられる

この頃、親しい知人から「海外に向かって直球を投げるような苦言を呈すると、伊藤さんの身に危険が及ぶんじゃないの？」と言われたが、正しいことならはっきり反論するべきだ。奥ゆかしさや控えめな態度は海外では通じない。みなさんの心配とは裏腹に、現在も韓国の関係部署から尊敬や相談を頂いている。こちらが悪くない交通事故などでうっかり謝れば、すべてこちらが加害者と見なされる。

証拠があっても謝罪しないのが海外のやり方だ。一度謝罪すれば永久に加害者にされるという習慣がある。戦後十数年、慰安婦に対する苦情はなかった。政府が女性を拉致したとか、家族を連れて行かれたという記録もない。中には、それなりにいい暮らしをしていた慰安婦は一種の憧れもあったらしい。それがなぜ今になって、ということに触れたい。

国民の誰もが知るK元国会議員が、証拠もないまま慰安婦について謝罪してしまった。彼が妓生の接待を受けた勢いで述べたのか、賄賂をもらったのかも不明だ。単に海外事情を理解しないバカ議員では済まされない。精神的、金銭的にどれだけ日本が被害に遭ったかを思い出したくもない。

韓国で謝罪すれば奥ゆかしい人間と思われると考えたなら、開いた口が塞がらない。いったん謝罪すれば、永久に許すことはしない国民性であることを理解していなかったのだ。バカボンと呼ばれている鳩山元総理は典型的な国賊といえる。国家理念のない先人の無配慮な行為が、末代の日本人の若者が海外で惨めな思いをしなければならないこととなった。

あの韓国にいったん謝罪すれば、政権が変わるたびに人気取りに使われ、永遠に謝罪と賠償のお代わりが続くことになる。海外に駐在する社員には、このことを口酸っぱく教育している。安易に謝罪するなと言っているのは、「早めに謝ったから許してあげる」などということは、日本にだけしか通用しない文化なのだ。今回、私が韓国で講義や講演、工場見学などすべての活動を拒否したが、知り合いの韓国人で私を怨む者は１人もいなかった。私は苦言を呈することが、長い目で見れば相手側、相手国のプラスになることを考慮して発言するように考えているからだ。

韓国人は歪曲した歴史問題でも、日本が反論しなければ、それがやがて事実となってしまう。安倍総理に対してや、歴史の歪曲など耳を疑うような反日の書き込みがネットに出回っているのを見ると、日韓関係が終わりになることを心配する。これに関しては、「日韓関係を悪くするため、北の多くの諜報員が関係破壊を目的に活動している」との噂も多い。

韓国の諺に「100回嘘を言えば本当になる」がある。私の知る韓国人は素晴らしい人格者が多いが、一部の心ない人たちの行動で世界中に韓国の品位を下げていることを韓国人は知るべきだ。私が韓国の様々な方面にクレームをつけ、関係を断ってから9年余りが過ぎたが、その間に米国と韓国にはそれぞれ100体以上の慰安婦像が設置された。米国に両親と駐在している子弟が、学校で韓国の子供に歴史問題でいじめられているという話を再三聞いた。政府が朴前大統領と慰安婦合意したのは、あまりにも行動が遅すぎる。

しかし、国家間で合意をしたと述べたが、慰安婦問題を永久に問題にし、いつまでも金をたかりたいという団体がある以上、慰安婦問題の修復は望めない。こんなときこそ〝モノづくりは外交のカードになる〟ことを思い出し、日本とうまくやらなければ韓国の製造業は破滅すると彼らが気づくまで報復し、叩き潰す時期が来たのだ。

安倍総理は嫌いだが、リーダーの資質を認める韓国人

2018年1月、旧知の金間鍾浩教授（ソウル科学技術大学校）が総長に昇進したことで駆

けつけたが、外国人で初めてお祝いに来てくれたと喜ばれた。訪韓中、知人の韓国人から聞いた話だが、現地では「安倍総理は嫌いだが、政治や経済、外交の手腕は素晴らしいし、日本人がうらやましい」「今の韓国には、安倍総理のように有能で強いリーダーが必要」と考えている国民が多いという。本当にあの韓国人の言葉なのだ。

外交力では世界的に評価が高くなり、経済を戦後最高の状態に導いた安倍総理と、野党が戦うことはしばらく無理だろう。野党が長期にわたって年金の不正な使い方を徹底追及していたならば、大半の国民から圧倒的な支持を受けたであろうことに気がつかないのか。国家の税金で働く政治家は、他党を貶めることばかり考えているようだと、いつまで経っても天下は取れない。国会議員は国家のため、国民のために何をすべきかを発信することで、支持をいただけると考えるべきだ。

質の良くないマスコミと意気投合し、１年以上も〝モリカケ〟や〝花見〟ばかりを取り上げていたことで、さらに野党の支持率が低下した。マスコミがいかに偏った報道をしようと、ネットで物事の良し悪しを判断できる国民が増えたことが支持率低下の原因だろう。

中学生の頃、勉強やスポーツが良くでき、女子生徒に人気のあった優秀な生徒のことを、影で悪口を言う者がいた。それにより、自分は「アイツより素晴らしい」と周囲から思われたいのだろうが、この流儀は今の野党と韓国が重なって見える。韓国の駆逐艦からレーダーが照射されたり、天皇に対する無礼な発言があったりしたが、野党はどうして「自民党は何をしているのだ。韓国に対してもっと断固と対応するべきだ」と表明しないのだろうか。間違いなく国民から支持されるのだが。頑張れ野党。

中国とは絶縁し東南アジアと生きる

私は、「反日国家に工場を出すな」と30年間言い続けてきた。日本経済新聞社を定年退職した鈴置高史氏は、日韓関係の識者として超有名人になった。テレビに頻繁に出演したりデイリー新潮に不定期連載したりして、今や全国で「鈴置さん」で通じる。2012年11月1日、氏との対談内容を「日経ビジネスオンライン」で発信したテーマ「中国とは絶縁し東南アジアと生きる」が、その月に発信された400余りの配信記事の中でトップニュースとなった。

また翌2日には、「『慰安婦』で韓国との親交もお断り」という対談も2位にランクされ、2つの対談が上位を独占した。内容は、ウェブ検索で「伊藤澄夫」と入力するとお読みいただける。2004年に出版した著書「モノづくりこそニッポンの砦」で、「中小企業は反日国家に進出してはいけない」ことはすでに述べていた。その内容の一部を紹介しよう。

2012年夏、日本人への暴行や日本企業への打ち壊しが中国で起き、ようやく「伊藤さん

中国とは絶縁し東南アジアと生きる

「反日国家に工場を出すな」と言い続けてきた伊藤澄夫社長に聞く（上）

2012年11月1日（木）　鈴置 高史

「反日国家」中国とは商売すべきではないと主張、東南アジアに生産拠点を広げてきた経営者がいる。金型・プレス加工を手掛ける伊藤製作所（三重県四日市市）の伊藤澄夫社長だ。中韓と日本が鋭く対立する「新しいアジア」を鈴置高史氏と論じた（司会は田中太郎）。

16年前から対中ビジネスに警鐘

鈴置：16年以上も前から伊藤社長は「反日国家に進出してはいけない」と講演や講義で説き続けてきました。2004年に出版した著書『モノづくりこそニッポンの砦 中小企業の体験的アジア戦略』（注）の中でもはっきりと書いています。

（注）現在、この本の新本を書店で買うのは困難です。購入希望者は伊藤製作所のホームページをご覧下さい。

伊藤：今年夏、日本人への暴行、日本企業の打ちこわしが中国で起きてようやく「伊藤さんの言う通りでしたね」と言われるようになりました。日本企業の中国ラッシュが続くなか「中国へは行くな」なんて大声で言っていたものですから「極右」扱いされていました。

「大事な社員を反日国家には送れない」

伊藤澄夫（いとう・すみお）
金型・プレス加工の伊藤製作所代表取締役社長。1942年、四日市市生まれ。65年に立命館大学経営学部を卒業、同社に入社。86年に社長に就任、高度の金型技術とユニークな生産体制による高収益企業を作り上げた。96年にフィリピン、2012年にインドネシアに進出。中京大学大学院MBAコースなどで教鞭をとる。日本金型工業会の副会長や国際委員長など歴任。著書に『モノづくりこそニッポンの砦 中小企業の体験的アジア戦略』がある。
（撮影：森田直希、以下も）

私は反中派ではありません。若い中国人の親友もたくさんいます。私の本にも書いていますが、敵の子供である日本の残留孤児を1万人も育ててくれた中国人とは何と見上げた人たちかと心から感嘆し、深く感謝しています。当時は食糧が不足し、養父母とて満足に食べられなかった時代なのです。

でも「中国人の70%は日本人が嫌いだ」といいます。中国では子供の時から徹底的な反日教育を施すからです。反日の人々の国に巨額の投資したり、大事な社員を送り込んだりすべきではないと私は考えます。中

日経ビジネスオンラインで配信された記事は瞬く間に反響を呼んだ（2012年11月）

の言う通りでしたね」と言われるようになった。日本企業の中国進出ラッシュが続く中、「中国へは行くな」と大声で言っていたので私は〝極右〟扱いされていたが、私は反中派ではない。独裁国家の中国共産党と、政治家が選挙で選ばれる国になるまでは、この国に進出してビジネスの成功を期待しても無理だと考えているのだ。

将来、中国の党首や政治家が選挙で選ばれる時代が早く来ることを期待したい。中国人には、私を慕ってくれる優秀な親友がたくさんいる。終戦直後、黒竜江省が干ばつで農産物が不作だった時期、敵国の子どもである私と同年代の残留孤児を1万人以上育てくれた中国人とは、なんと見上げた人たちかと心から感謝したものだ。

外交とは話し合いより軍事力で決まる

民主党（当時）政権の頃、尖閣諸島に関し、中国との話し合いを求める経営者が出てきた。確かにそうすれば、彼らは一時的に日本の顔を立て、暴行の手を緩めるかもしれない。しかし、「日本人は、強硬に出れば言うことを聞く」という悪い先例を作ることになる。漁船にぶつけられたが、船長を即刻帰国させたことに多くの国民はがっかりし、海外からもその弱腰を指摘された。中国のマスコミも、民主党政権を舐め切る様子を報じていた。

２００５年の反日暴動の後、中国の役人が不思議そうに「普通、あれだけ殴られたら中国に進出しなくなるものだが、なぜ日本人は投資を続けるのか?」と日本の役人に問い掛けたそうだ。日本人は「話し合いが一番大事」と考える人が多いが、中国共産党には日本人の控えめな流儀は通用しない。

中国人は、モノづくりにおいて幅広く優位を持つ日本に、今も魅力を感じている。頭を下げて業績を上げるような行動より、国家の尊厳やプライドを持つことが必要ではないだろうか。日本を落としめたい国にそうさせない意味で現在、世界的に優位にある日本でモノづくりを担う者が立ち上がるべきだ。

習近平主席が安倍ニッポンに急接近してきた

習近平主席に対して快く思う日本人はほとんどいないほど、対日政策は強行だった。安倍総理と出会ったときには目を向けず、握手すらしない光景が思い出される。北京で首脳会談中、日本の国旗だけが掲げられなかったことで、世界から顰蹙をかった。しかし、「主席は日本に対して、過去のような横柄な態度を取らないだろう。むしろ、今後は歩み寄ってくるよ」と周囲のみなさんに予言し始めたのは４年ほど前からだ。その理由を述べたい。

米国や日本企業から技術のパクリが後を絶たない。経済的に親密な関係を維持してきたドイツでさえ、パクリに嫌気が差し、撤退企業が増加したと報道されている。ここで中国が、なぜ経済活動に失敗したのかを示したい。

長年、大きな経済成長ができたことは、無尽蔵で安い労働者が支えてきた証拠だ。これが分かっていれば、急激な昇給を止めることは共産党ならできたはずだが、給与が上がれば先進国になれると考えたに違いない。

また、これは私の推測だが、共産党幹部の賄賂や裏金が半端ではないと聞くが、ネット社会が発達した中国では国民に薄々知られているに違いない。これに対する反発を緩める意味で、急激な昇給で国民に機嫌を取ったのだろう。

中国の製造業は今後、一段とランクの高い工業製品に移行しなければ成り立たなくなる。韓国の反日は感情的な理由が多い反面、中国の反日は国策で行ってきた。中国の反日はなくなると言い続けてきたが、米トランプ大統領がファーウェイ叩きと法外な関税を掛けようとしていることに、大きな危機感を持っている。トランプ大統領の安倍総理に対する信頼が極めて高いことを考慮すれば、当分の間、過去のような反日行為は考えられない。

安倍総理とトランプ大統領との蜜月

安倍総理とトランプ大統領の蜜月ぶりが世界でも認識されてきたが、中国にとっては最も歓迎できないカップルと考えている。日米を分断させることは中国の国益になると見ており、安部総理に今後も笑顔を送って来るだろう。

実際、中国は長年にわたって10％程度の経済成長を続け、数年前には世界2位の日本のＧＤＰを一気に追い越した。経済学者の調査によると「中国共産党の統計は当てにならない。実際の数値は日本の下ではないか」との説は4年前のことだ。

中国が大きく成長できたのは、主に海外企業の進出により低価格の商品が世界中に輸出できたことにあるが、低賃金の労働者が無限に存在していたことが幸いした。２０００年頃から毎年賃金が急上昇したが、共産党が仕向けた賃上げで国民から支持を得たい理由は、年間全土で15万回ともいわれている政府に対するデモが実施されているからだ。

過去に新製品の開発や合理化を怠って賃金を上げた国は、総じて上手くいっていない。賃金が上がると、１００円ショップで販売するような商品だけで成り立たないことは明らかだ。付加価値の高い先進的な幅広い工業製品の製造を学べる先生は、世界において日本しかない。その上、過去に日本企業をバッシングしたため対中反感は当分消えず、アセアン諸国に逃げ出す日系企業を引き止めたいと考えるのが自然だ。

日本企業の離中増加は打撃となったが、先のバッシングにより世界中から予想以上の反発が出たことは、中国には大打撃となった。何度も言うが、今後中国へ進出する企業は、同国が選挙により主席が選ばれるような民主的国家になるまでは見合わせた方が良い。韓国の文大統領は2年間で最低賃金を30％上げたが、経済において中国と同じ大きな誤りを犯した。労働組合上がりの文には、経済の何たるかが分かっていない。このような者を大統領に仕立てた韓国国民にも責任はある。

中国を潰しにかかる米国

中国にとってはこのような悪いタイミングで、トランプ大統領が全製品にわたり巨額の関税を掛けてきた。以前から米国は、中国が豊かになれば民主的な国家になると期待していたが、事実は逆となった。本気で動き出した米国の攻勢に、中国は藁をもつかみたい心境と察するが、この状況下では日本が頼りになると考えるようになったのだろう。

今まで日本に冷たく、恫喝し、上から目線の中国が歩み寄ってきたといえ、政治家や企業は

チャイナリスク回避で投資急増
伊藤製作所
伊藤澄夫社長
僕の持論は、中小企業は親日の国でないと
決してうまくいかないのではと思って
ともに歩んでいける仲間でなければビジネスは続かないと警鐘を鳴らしてきた

油断してはならない。歴史的に見て、中国は敵の敵は味方という理念がある。シリア、イラン、北朝鮮、最近ではロシアとトルコに接近している。

歴史的に、中国とソ連が長期にわたって信頼関係を続けたことは一度もない。もちろん、これらの国は米国とこじれているからだ。中国にとって、組む相手国の品位や世界の悪評など関係ないのである。

目先のビジネスや微笑みに日本が誘われて、中国と友好を深めることには慎重にならねばならない。米国との関係が改善された時点で、日本の梯子を外すことなど朝飯前だ。このような考えを踏まえて、中国に対する今後の外交方針を注視したい。

世界から信頼される日本を取り込みたい中国

中国政府がＡＩＩＢ（アジアインフラ投資銀行）に加盟して欲しい旨を何度も日本政府に打診したが、無理と判断してあきらめた。引き続き〝一帯一路〟の成功には、世界に信用のある日本を取り入れたいと考えるのは当然のことだ。また、経済音痴の習主席は日本と良い関係を持つことで、対中投資の復活や今後の高い技術移転の必要性を感じてきた。

「でも伊藤さん、尖閣に中国の潜水艦が出没している」と反論する知人がいるが、習主席と人民解放軍は一枚岩でない。実際、習主席の顔に泥を塗る解放軍の行為が、過去にもあったことが記憶に残る。習主席が反日思想をリセットし、本気で長期的に良い日中関係を維持することに舵を切れば、日本の国益にとっても計り知れないプラスとなるという考えを見直す必要がある。中国は世界で存在感のある国になったからには、日本も国家と企業の長期的な戦略をもとに中国と対等につき合うことが大切だが、従来のようなお人好しの交流には心しなければならない。

中国には５０００年といわれる歴史がある。少なく見ても４０００年間は世界一の国だったのだ。そのため中華思想が生まれ、面子にこだわる国民といわれている。しかし、アヘン戦争という小規模の争いではあったがイギリスに敗北し、先の大戦では弟分と見ていた日本にボコボコに叩かれ、加えて文化大革命で歴史上取り返しのつかない失敗と苦難を経験した。19世紀から欧米や日本が経済力と技術力をつけ、植民地を増やしたことを想像以上にうらやましく思っていたに違いない。

中国は鄧小平の改革開放政策が功を奏し、世界2位の経済大国となった。習近平が頭を低くし今後10年程度いい子になっていれば、軍事や技術面、経済面でも米国ですら手のつけられない強国になっていただろう。しかし、近隣諸国への弾圧や南シナ海に軍事施設まで作って横暴化した。主席になってしばらくした頃、「ハワイから西は中国が抑え、東は米国が統治してはどうか？」と、言い張った。〝習近平〟君は何様なのだ。米国は今、叩いておかないと手がつけられなくなることが分かったため、中国が干し上がるまで手を抜かないと予想する。したがって、習近平が10年早く先走ってくれたことは、日本にとっては大歓迎すべき行動だ。経済力や軍事力で米国と比較にならないレベルである現在、中国の指導者として彼の判断はお粗末この上ない。

２０１９年末、政府が習近平主席を国賓として迎えると報道された。私は耳を疑ったし、あり得ない話だ。今年になって、トランプ大統領が中国を破滅するまで懲らしめる話題で持ちきりだ。この時期に国賓での出迎えは、日本にとって何のメリットもないどころか、習主席にとって天皇陛下と会談する放映が世界に流れればこの上ない宣伝となる。

過去には首脳会談すらしてくれなかった習主席は、国賓でなく首脳会談の実施という対応でよいと思うのだが。安倍氏が総理になって以来、地球レベルで輝かしい功績を上げ、世界中から最大限に好評価してもらっているが、私には青天の霹靂だ。もし、実現すればアジア諸国はもちろん、間違いなく世界中の顰蹙をかうこととなる。

テレビ番組「新報道2001」で、「伊藤製作所の伊藤社長は中国を避けて海外展開をしている。これは安倍外交に通じるものがある」と報道されたのはそんなに昔ではない。民間人の我々が理解できないような外交方針があるのだろう。それでも大半の国民が反対している以上、迎える理由を説明するのが民主主義国家だ。世界第二の国家のリーダーと約束したものを簡単にお断りはできないだろう。だが現在、中国の隠ぺいによる新型コロナの悪影響は世界中で甚大で、一京円以上の損害賠償を要求する動きもある。「この時期の国賓としてのお迎えは世界が認めないだろうから…」と伝え、延期を表明しても角は立たないだろう。約束を平気で守らない中国に、そんなに気を使う必要はないと思うが。

第7章

モノづくり復興へ政治と行政、マスコミに物申す

2013年4月、当社は3工場に太陽光発電を導入したのに続き、2015年までに6工場全部に設置した。合計380kWの発電能力があり、一般家庭100世帯分の電力を賄うことで地球温暖化対策に貢献している。夏季には工場の屋根が70℃近くまで熱せられるが、発電パネルの影になり20℃近く温度が下がるため、工場のエアコンの効きが良くなったのは大きな副効果だ。発電量や売電料金は海外からでもスマホで確認できる。

太陽光発電をいち早く導入してみたけれど

原発の代替として、自然エネルギーの比率を上げることは国家の緊急政策であるが、私は行政の判断に2つの疑問を持った。一つは、原発に代わる自然エネルギーに取って代わるべきという民意のため、早期に導入させたいと考えたのだろうが、売電価格が高すぎる点だ。売電する側からして高い方が良いという理屈は、私にとっては賛成できない。

当社は2019年1月に福利厚生施設を完成させた。現在の売電価格は初期の半値以下となっているが、福利厚生施設にも太陽光発電を設置した。ただ、電力会社の販売価格の2倍以上で買い取るという行為は、いかなる理由があろうとも資本主義国家ではあってはならない。当局は自然エネルギー発電の早期普及だけが頭にあり、高い電力料を負担する国民のことを考慮していたのだろうか。

そして２つ目の疑問点は、売電価格が高額なため全国的に導入が加速したことから、パネルを生産する会社や取付業者が猫の手も借りたい状況であったことだ。需要が急激に増加したことで、国内のパネルメーカーの供給が追いつかず、中国からの輸入が激増した。国内メーカーの能力に合わせて数量をコントロールしていれば、長年にわたって日本のＧＤＰが向上したはずだ。いつまでも繁栄が続けばよいが、「山高ければ谷深し」といわれるように、現在メーカーの生産量は激減し、パネル取付業者の廃業が続出している。過去にもこのような例はいくつもあったが、当局は何も学習できていないようだ。

基盤技術高度化に関する法案などで、中小企業が補助金を頂けることはありがたいが、工作機械メーカーなどは同様に山谷に頭を抱えることになる。国内外で記録的な販売が続いた時期は、工作機械を導入するに当たり補助金がばらまかれていた。メーカーにとって補助金のおかげで１～２年は忙しく、その先に待ち構える大幅受注減少はありがた迷惑といってよかった。

補助金による機械の販売増で、休日出勤や残業で生産増に対応しているが、長期にわたる安定生産が雇用や税収のためにも国家的な利益となる。行政は製造現場の実態をもっと知り、長期にわたる経済的利益となるような政策を望みたい。

記憶から薄れそうだがオイルショックのとき、大阪の誰かがトイレットペーパーがなくなる

という デマを流した。国中の主婦がデパートで買いまくったその時期、妻に向かって「そんなことはあり得ない。みっともない買い物をするなよ」と言った記憶がある。案の定、買い占め後はトイレットペーパーが長期間売れず、多くのメーカーは大減産となり、数年間赤字を強いられたのだ。済んだことは仕方がないとして、当局には過去の失敗を学習し、今後は正しい方向に導いて頂きたい。

配偶者控除の規制を緩和すれば消費を刺激するはず

2009年11月、時局社（名古屋市）が発行する月刊誌に寄稿した原稿のタイトルが「格差と最低賃金」だった。格差の大きいことや賃金が安いことは、政治や企業が悪いのだろうか。メディアは政府や企業のせいで格差が生じると報じるが、海外事情を熟知している私にとっては、日本ほど格差の少ない国はないと思っている。海外から、「日本が共産国家とすれば最高の優等生」と思われているのだ。数年前から政府は盛んに賃上げを企業に要求している。現在まで大きな不満が出ていなかったが、日本人は給与をもっともらうべきだ。その理由は過去20年間ほぼ賃上げがなかったからだ。

当社は10年以上前からパートタイマーの給与を上げたいと思っていたが、不可解な税法によ

工場の屋根に設置した太陽光発電パネル

パート社員も生き生き働ける環境

り給与を上げられなかった。「扶養対象者となる配偶者の年収上限額を、103万円から至急150万円に上げるべきだ」と、私は時局社に寄稿したし、大学で何度も講義を行った。当社では10年以上前から時給850円で勤務してもらっている。しかし、仕事が正確で手早いパート社員の給与を上げようにもできないのだ。上げれば月100時間の労働時間がさらに短くなる。昇給できない代わりにいろいろなプレゼントを渡し、福利厚生を充実させることで我慢して頂いている。

もっと働きたいと考えるパート社員は大勢いる。規制枠を広げることで収入が増えれば、スーパーマーケットでの買い物が増え、消費税も増収になる。また、教育費にも充てられれば、2人目のお子さんももうけられるだろう。

この10年間で当社のパート社員が急増したのは、年々製品に要求される精度が上がり、不良品率を下げるための部品の全数選別業務が増加しているためだ。当社の周辺地域は良質の社員が採用できるが、5時間のみ勤務する社員が増えることで駐車場確保も深刻になる。少子化が進み、中小企業では採用難が続いている。そのため海外から労働者を急増しなければと論じられているこの時期、配偶者控除が103万円とか、残業規制を進めていることは理屈に合わない。政治家や公務員が産業界での苦労や問題点、無駄な損出を全く理解していないというか、経済原理を理解できていないと断言できる。

ズバリ忠告しよう。「税金で生計を立てている政治家や公務員は、税を納める企業や労働者の立場になり、より良い環境や利益が上がる策を打ち出さねばならない」ということだ。

2013年9月、テレビ番組「新報道2001」に出演した。そこで甘利明大臣から「法人税を下げるからその分給与を上げられないか?」と問題提起を頂いた。政府は緊急の賃上げの必要性を感じていたのだろうが、私は「法人税と給与を同レベルで論じることは経営学上問題がある。会社が強くなるような支援や指導を頂きたい。会社が強くなれば給与は自然に増える」と答えたが、その場で扶養家族となる配偶者の年収上限を150万円程度に上げて欲しいと訴えるべきだった。2018年に、配偶者控除の上限額は150万円に引き上げられた。私が様々な方法で訴えた150万円がそのまま採用されたのかどうかはさておき、安倍内閣がたびたび企業に賃上げ要求していた時点で改正するべきだった。

実現した中小企業の後継者相続税100%猶予

2015年に出版した著書「ニッポンのスゴい親父力経営」の第8章で、10ページにわたって後継者相続税の問題点を訴えたし、最初の著書「モノづくりこそニッポンの砦」でも取り上げたのが後継者相続税の問題点である。優良中小企業の現場を調査すれば、この問題は容易に理解できるだろうが、一向に改善されなかった。私は、後継者相続税が理屈に合わないと訴えることでは、当局の耳に届かないと思った。そこで、後継者相続税を改正すれば、結果的に法人税や個人の所得税、消費税の増加などで、30年間のスパンでは大幅に納税が増えるという理由と根拠を十分に説明した。

企業の利益から税金を差し引いた剰余金が会社に蓄積することで、上場企業であれば株価が上昇することは歓迎できる。しかし、中小企業の場合、株を時価で外部に売却することは不可能だ。また、多額の相続税を支払った相続人が、企業に蓄積された預金を一切使うことができない。これを使えば盗み人となる。後継候補の若者にとって、利益が出ない会社の後継ぎをしたくないのは当然だ。

利益が出ていて良い会社ほど、なぜか巨額の相続税が後継者に掛かる。知り合いに優秀な後継者がいたため、何度も跡を取るよう説得したが結局、弁護士を選んでしまった。時価では売れない株、使えない会社の剰余金に多額の税を払ってまで、次期経営者になろうと考える若者は減少して当然だ。その結果、近年では後継者が激減している。当局には緊急に時間を掛けて現場を調査して欲しい。

さらに、後継者が減少している原因は中小企業経営者の個人保証にある。日本の上場企業の社長は、仮に会社が倒産しても個人補償の義務はない。世界的に見ても、中小企業の社長が個人資産をすべて銀行に吸い取られるような国はほとんどない。

金の卵（税金）を生む親鳥（企業）を増やすことで、国家の納税は増加する。親鳥になりたくない雛の育成を真剣に考えなくては、ニッポンの取り柄であるモノづくり企業が後退し、それこそ〝天下の一大事〟を迎えてしまう。今こそ熱心に税を巻き上げること以上に、次の世代のために、税の使い方に大きくメスを入れなければならない。目に余る税の無駄使いが発覚しても、国民の反発は極めて甘い。官民一体となり税の使い方を正しくすることで、現在の税収でも強い国家にできると判断している。

若者の後継者が増えないことには始まらない

近年、後継者不足が課題になっているが、実際は優秀な経営資格のある若者が不足するほど深刻な状況ではない。問題は、金の卵を産む親鳥（企業）まで相続税の名目で食べても、まだ国家の胃袋が満たせないという苦しい日本の財政事情にある。金の卵（税金）をいつまでも得られるよう、若鳥が親鳥になりやすい税に改正すること以外に道はない。

中小企業の後継者が高額の相続税を避けて後を継がないため、経産省がＭ＆Ａの引き受け企業を世話しているという記事が新聞に掲載されていた。これは後ろ向きの行為であり、後継者がやる気になれる税法を先に改正するべきであろう。さらにいえば、後継者になった人に国から感謝状を渡してもよいのではないか。

2018年度の税制改正で、一定の条件を満たせば「中小企業の相続税100%猶予」の特例措置が実現した。今後、この特例措置が具体的にどのように運用されるのかは注視したいが、中小企業の跡取りが増えてくる可能性が見えてきたことは大変評価できる。先の世代で後継者になりたくないと考える子弟が会社の株を手放すとき、従来は株譲渡益のわずか20%の税が掛かるだけであったが、その場合は80%程度の罰金税を掛けるべきだ。後を継いで100%猶予されるのであれば、なおさらだ。

中小企業の経営者はこのような税法の改正に恩を感じ、国家に対する納税意識をしっかりと高め、若い経営者の企業での活躍を期待している。また、親元から離れて自立するという生き方も理解できるが、社員のため、国家のために今からでもいいから、親が苦労して築いた会社に戻って若者パワーで発展、成長させて欲しいものだ。

国会に参考人出席し行政へ提言

2006年に開催された第164回国会の経済産業委員会に、私は日本金型工業会副会長と

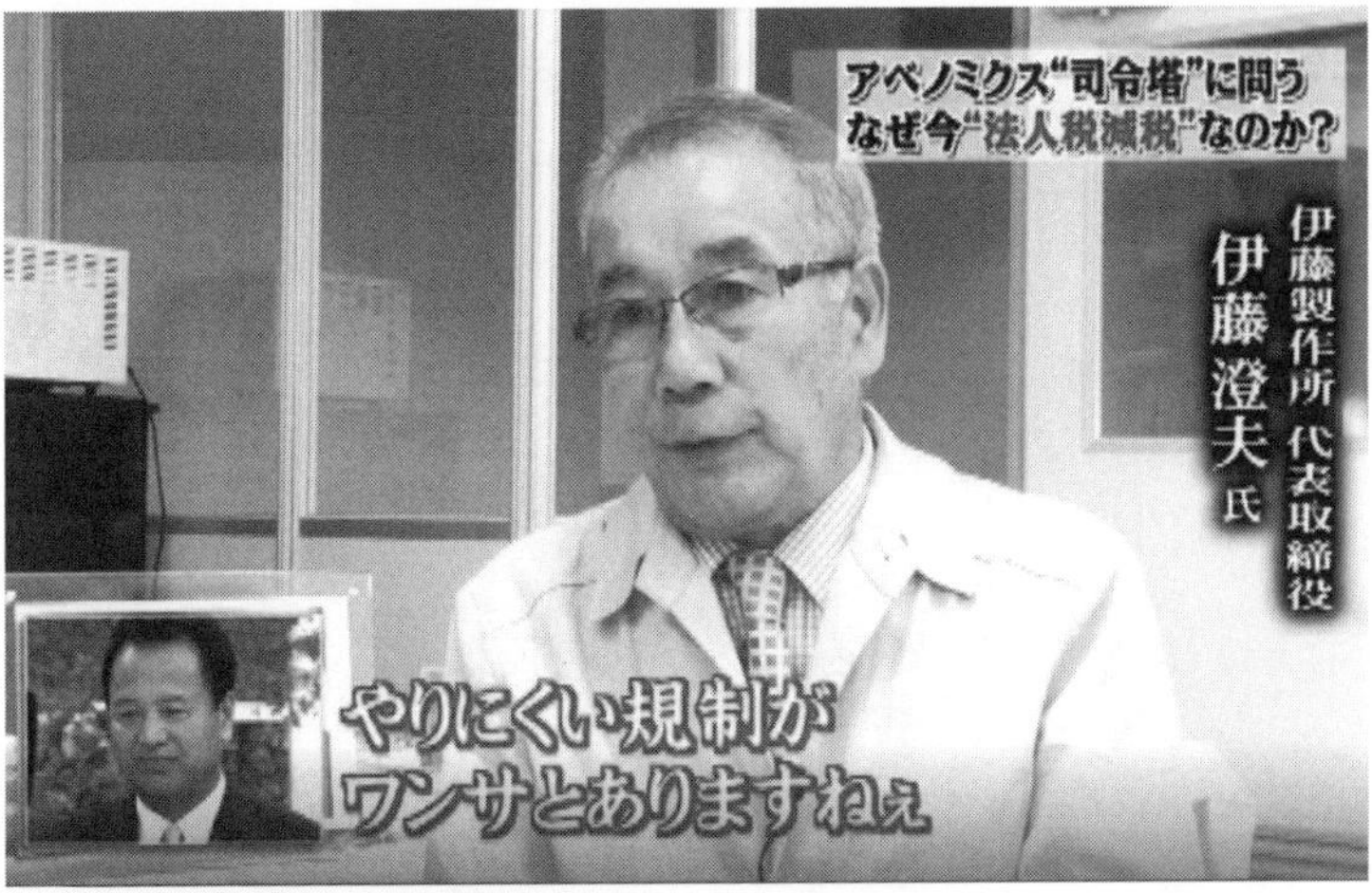

法人税減税の即効性を報道番組で説く

国会で参考人として意見を述べる私

して参考人出席した。私の他の参考人は日本鋳造協会の酒井英行副会長、長岡工業高等専門学校の高田孝次教師、東北大学大学院の堀切川一男教授の3人だった。案件は「中小企業のものづくり基盤技術の高度化に関する法律案」を法制化するに際し、産学から忌憚のない意見が欲しいというものだった。モノづくり企業にとってありがたい法案である。これに関する要望について質問されると思っていたが、「行政に苦情があれば聞かせて欲しい」というものだった。私は1時間超にわたって発言した。内容は以下のようなものだ。

▼日本の中小製造業の全般的な技術力は世界的にも上位にある。

▼中国や韓国では、行政と産学が一体となって技術力を高めている。

▼韓国では金型の重要性を認識し、35年前に大学に金型学科を設立し、現在、年間4000人の金型技術者を企業に送り込んでいる。他国の勢いを考慮すれば、日本の金型技術がトップから陥落するとしても不思議ではない。

▼消防法や建築基準法の無駄で、意味のない規制が生産に大きな障害となっている。一例を挙げると、耐火性建築物で1400㎡を超えると、屋内消火栓の設置が義務づけられ、そのための防火水槽の設置も必要となる。しかし、万一火災が発生しても、最新鋭の精密機械が並ぶ工場で燃えるのは油が主体で、水を撒くだけの消火は適さない。むしろ逆効果だ。終戦建設に1000万円以上掛かる無駄な投資の償却費は、輸出競争力でも不利となる。

直後の木造工場が主流だった頃の法律と思われるが、時代とともに法改正することは行政の役目である。

▼後継者相続税は二重課税で、相続人が使えない会社の剰余金に高い税を掛けることで、事業を相続したくない後継ぎが増えている。今後の税収や雇用を考えれば緊急の改正は国家にプラスに働くはずで、優良中小企業の実態を調査して欲しい。将来、後継者が激減すると予想しているが、税法を改正しない限り国家的な損害になると断言する。

これらの発言は、行政側からすると耳の痛い内容だったはずだが、真剣に受け止めて頂いたことに感謝している。10年以上前の国会での発言を取り上げたが、私はその後も専門誌や大学の講義、書籍、講演などでこれらの問題点を繰り返し訴えてきた。2018年から配偶者特別控除額の見直しや、後継者相続税でも大きく法律が改正されてきたが、今後も中小企業にのし掛かる様々な問題について引き続き指摘していきたい。私が十数年前に指摘したことにやっと対策案を出してきたが、あまりに動きが遅いことは国家の損害といえるのではないだろうか。

得意の漁網事業を継がせず金型に舵を切った先代

1945年、先代の伊藤正一が漁網機械を通じ、戦後復興を目指して創業した伊藤製作所は今年で75年目を迎える。漁網機械の消耗部品であるシャトルはニッチな製品であったが、当社は世界シェアをほぼ独占していた。私は創業20年目の１９６５年に入社した。

直後、親父は「この仕事の技術程度なら、台湾や韓国にやがて取られてしまう。おまえは漁網機械部門の仕事はしなくていい。精密プレス金型製作に専念しろ」と命令した。さらに、「その時代の要求に応えられる技術力を積み上げていけば、会社はいつまでも存続できる」とも言った。

自慢の仕事を息子に継がせたいと思うのが親心と当時考えたが、やはり並みの親父ではなかったと思う。金型技術の何たるかをあまり理解していなかった親父だが、現在の姿を予測しているかのような先見性だった。今年、何の困難もなく創業75周年を迎えられるのは、そんな先代の先見性があってのことだろう。

１９８６年に私は社長に就任した。職人肌の親父は現場作業が好きで、それ以前から経営に関する業務はすべて私に任せていたため、経営の引き継ぎは極めてスムーズにできた。「社長は大変でしょう。寂しくはないですか。苦労も多いでしょう」とよく問われるが、現在まで何の苦労もトラブルもなかったと答えている。運が良かったのか、人様に恵まれたのか、私の性格が楽観的なのか。同様に会社は大きなピンチもなく、緩やかに成長できたことは関係各位のおかげといっていい。

先代社長の伊藤正一

ファースト・ソロ・フライトで見せた度胸

1979年8月20日は、名古屋空港（現・県営名古屋空港）で私が「パイパー・チェロキー」で初の単独飛行をした日で、37歳のときだった。古森教官は対潜哨戒機の元搭乗員で、海上自衛隊員だった。そんなこともあり、海上を飛ぶときは常に元気がみなぎっていて「操縦を代わってくれ」とねだり、海水に手が触れそうな低空飛行が好きだった。高度は2～3ｍだったようで、堤防を走るクルマが上に見えたのだ。

いつもの訓練が終わり、「じゃあ、今から単独飛行をするか！」と、前触れもなく冷静に言われたことが、かえってプレッシャーになった。思わず「本当に行くのですか?」と聞き直した。それまでの飛行歴は計22時間で、今、単独飛行すれば日本フライングクラブ（名古屋）では最短記録になるという。

教官が同乗しないフライトに不安を感じながら離陸した。1人で飛ぶと機体が70kg軽くなるため、今までより急上昇ができた。高度3000フィートで進路を蒲郡市に取り、25分後に90度のライトターンをして篠島に降下した。高度50ｍで小型ボートにバンクを振ると、両手を振って応えてくれた。引き続き北西に進路を取り、四日市市へ向かった。もし、エンジンが止まったら「伊勢湾にジャボン」かと思うと、汗びっしょりになった。

四日市カンツリー倶楽部は、高圧線があるため低高度では飛べなかったが、私の知っている友人なのか、盛んにゴルフクラブを振っていた。続いて、ホームコースである三重カンツリークラブへと向かった。キャディの多くは私が飛行機野郎と知っているため、大歓迎してくれた。高度60ｍで飛行したことで、私の顔がよく見えたらしい。もちろん、初単独飛行で緊張する私には誰だか分からなかった。

教官がいれば、美しい鈴鹿山脈の景色を楽しんだり低空飛行でゴルファーを脅かしたりしたものだが、この日は何も目に入らない飛行だった。その後、稲沢市上空で管制塔に着陸許可を取り、ファイナル・アプローチ後、機体が軽いためか通常より30ｍほど先に着陸した。タキシング後エプロンに到着したところへ、古森教官が真っ青な顔をして駆け寄ってきた。「伊藤くん、2時間近くどこまで行っていたの？　初単独飛行は通常、稲沢上空を回って20分ぐらいで帰ってくるもんだ」と叫んだ。教官はすぐに戻ると考え、駐機場でずっと待っていたのだ。後日、古森教官はクラブの会員に、「伊藤という奴は初単独飛行で2時間も飛んだが、信じられない度胸だ」と話したそうだ。

飛行機に憧れていた私が、もし15年早く生まれていたら、鹿児島・知覧の特攻基地から米空母に向かって突っ込んでいただろう。私が飛行機から降りた理由は危険な趣味というより金銭面だったが、資金と時間の余裕ができた今、復帰することも考えている。

自分以外はすべてお客様

どれだけ頑張ろうと、1人の人間が他人の何倍も仕事をすることはできない。そこで自分の経験できないことや無知を補うため、情報や助言を頂ける知人を増やすことを心掛けてきた。自分以外の人は、全員お客様としておつき合いするよう努めてきた。しかし、仕事上のトラブルが続いたときなど、帰宅して家族や犬に当たり散らしたり、わがままを言ったりしたことがたまにあった。そのときの私は、とても醜い顔をしていたに違いない。

顧客や先輩などにお叱りを受けたとき、そのような醜い顔になっては大変だと考えた。すべての人はお客様と宣言した以上、家族や愛犬にも同じように振る舞うよう心掛けたことで、多少は改善されたと思っている。

そうした不完全な自分を何とかするため、高校生のときに覚えたマジックを家族に見せることから再開することにした。現在まで数え切れないほど披露してきたマジックにより、多くのみなさんに良い印象を持ってもらい、素晴らしいおつき合いができる口火を切ってくれるツールだった。多くの老若男女に披露したが、興味を示さない方はいなかった。

海外同業者との会合で場を和ませる

インドネシアのボゴール大統領宮殿でもマジック

マジックが人の和を生む

約60年間で、私がマジックを披露した著名な方々を紹介しよう。評論家の竹村健一氏、元ジャイアンツの中畑清氏、山倉和博氏、俳優の宅麻伸氏、デンソーの石丸典生元社長、フィリピンのドゥテルテ大統領、セブ島のトーマス・オスメニア元知事、インドネシアのジョコ・ウィドド大統領、安倍晋三総理ご夫妻などだ。大勢の方にお楽しみ頂いたが、ネタを教えてくれという声も多かった。その中で、最も熱心だったのは中畑清氏だった。

業務や私的なことが有意義で順調に進んでいるとすれば、その70％は運が良かったのだと常々思っている。振り返れば、運が良かったというより、周囲のみなさんにご支援頂いたことだと修正したいが、そのような出会いがあったことが運の良さかもしれない。「あのとき、あの方とお目にかかっていなければ、こんなに良い方向にいかなかった」ということの積み重ねだが、読者のみなさんもそのような例が多いだろう。

人は初対面のとき、最初の5分で相手に対する印象が決まると考えている。このわずか5分のチャンスが、私にとっては大切で嬉しい時間だ。長い人生で数々の幸運があったが、最初の5分の出合いが始まりなのだ。

第8章

経営者としての伊藤澄夫ができるまで

第２次世界大戦の終戦の年に、わずかな資金を投じ、戦後復興を支える目的で親父は事業を開始した。自宅と同じ敷地に木造の建物があったが、ここが作業場だった。幼い頃、自宅と作業場の区別がつかない私に、工場は恰好の遊び場でもあった。物心がついた時分から私は自分の希望はどうあれ、親の後を継がなければならないと思い込んでいた。私が社会人になるまでの成長期を思い出し、読者のみなさんに紹介したい。

栄養失調で死にかけた幼少期

真珠湾攻撃で一方的な勝利をしてから半年後、ミッドウェイ海戦において偵察機が少なく、レーダー装備のない日本海軍は、情報不足と状況の判断を誤り大敗した。その日、１９４２年６月４日に、私はこの世に生まれた。母は８人兄弟の長男に嫁ぎ、三度の飯と洗濯を任されていた。

戦前まで伊藤家は百姓だったが、農作物など大量の割り当て供出により十分な食料はなかった。疲労で母乳の出が悪く、餓えでいつも泣く私のため、母は姑から常に怒鳴られていた。私と姉を抱き、近くを走る関西線に何度飛び込もうとしたか、と後に聞かされた。

重湯だけしか飲ませてもらわなかった私は、やせ細った上に疲労が重なり、ついには腹膜炎で入院してしまった。母は入院した安井病院長（私の同級生の父親）から、「可哀想だが、澄夫ちゃんは栄養失調で助からない」と言われたそうだ。78歳になる私は、今もゴルフはシングルハンディで挑戦し、人並み以上の体力があることで、幼児期の栄養不足は成人後の健康とはあまり関係がないと思ってしまう。栄養失調の影響だろうか、私が歩行し、話せるようになったのは3歳半だったらしい。

万年、下痢気味の私のお尻の世話に手を焼いていた母に、「（筋向いの）真弓さんちのタマ（猫）はええな」と言った。母は「なぜ？」と聞いてきた。「何回ウンコしても、尻拭かんでえから」と言い返したが、これを言うと絶対に母は笑うだろうな、と予想していたのだ。幼い頃からジョークが多く、おちゃめで気使いができる子供だった。

6歳の誕生日に、母は「明日はおまえの誕生日や。何が食べたいか言ってみな」と問うた。ぜんざいや甘酒を飲みたいと答えることを予想していただろう母に、「ジャガイモを腹いっぱい食べたい」と訴えた。日々、子供に十分な食事を与えられなかった頃だったので、母は涙ぐんでいたようだが、これも私の策略だった。

小学校に上がった頃、私の体力は2年ほど遅れていると感じていた。足が遅くて気が弱かった私は、女生徒にたびたび泣かされて帰る日があった。そんなときの母親は激怒するのだ。「この〝ハエ叩き〟を持っていって女を叩いてこい！」と本気で言っていた。

そんな気質の母の先祖は武士だった。母の出身は鳥取県の倉吉で、母屋の西村家の蔵には槍が80本、刀が大小120振り以上、長刀も30振りあったと聞いていたが、第2次世界大戦前にすべて供出したという。戦時中は武器を製作する材料不足のため、家庭にある金属製品のほとんどを供出した。蚊帳を吊るために真鍮でできた丸い〝輪っか〟まで供出し、夏になると毎晩紐を使い、時間を掛けて蚊帳を吊っていた。

小学2年生で習ってもいない計算ができた

戦中生まれの我々の世代は、お上から〝産めよ増やせよ〟の号令が掛かり、現在の2倍以上の赤ちゃんが出生していた。その上、四日市市内の90％は爆撃で焼け野原になり、学校が不足していた。私の通う中部小学校は市の中心部にあったが、近くを流れる小川には魚や小鳥、多くの昆虫がいて、下校時に釣りをしたり虫を捕まえたりして遊んだものだ。

1950年、私が小学2年生の頃には、1クラスに現在の約2倍の56人もの生徒がひしめき合っていた。朝礼で1人ずつ順番に問題を出し、それに誰かが答えるという行事は担任の渡辺つね先生のアイデアだった。例えば、「お母さんに20円もらいました。焼き芋を2つ買ったら16円でした。お釣りはいくらですか？」といったたぐいだ。

気持ちの強い子に育ててくれた母と親父

小学２年の旧友と（上段中央）

級長だった毛利英司が、「昨日、9円のまんじゅうを9個買いました。合計いくらですか?」という問題を出した。みんなが手を上げ、55円とか78円とか、適当な答えを口々に言うのだが、私は81円と分かっていた。恥ずかしがりだった私は、勇んで手を上げて発表することはしなかったが、「なぜ間違って答えるのだろう?」と不思議に思ったものだ。

渡辺つね先生は、「これは難しい問題だ。来年になれば九九を習うので今は答えられなくてよい」と言った。そこで引っ込み思案の私が恐る恐る手を上げた。先生は「澄夫くん、おまえもか…」と思ったに違いない。しかし、私が81円と答えると、「澄夫くん、お姉さんに九九を教えてもらったの?」と問われた。

「いいえ、クク は知りません」。先生は「それでは、どう計算したの?」と尋ねた。そこで私は「9+9は18と足していってもも5、6回も数えると計算が難しくなるので、9円の饅頭を10円として90円にしました。でも、1個に付き1円ずつ余分になっているので、90円から9個分の9円を引きました」と説明した。

私としては困難な計算をしたとは思っていなかったが、渡辺先生は絶句していた。後に父兄会で「こんな計算ができる2年生がいる」と話題になったそうだ。小学校に入って両親に初めて褒められた出来事だった。

誰でもできる！何でもストーリーで覚える記憶術

昔、ＮＨＫに高橋圭三という人気アナウンサーがいた。我々の年代なら誰もが知っている人気テレビ番組「私の秘密」の初代司会者だ。この番組は米国の人気番組「ＭＹ ＳＥＣＲＥＴ」の日本版といわれ、１９５５年から12年間続いた。

高校の入学試験勉強をしていたある日、記憶術の〝名人〟が登場した。他人が読み上げる25個のモノをすべて憶えられるという。私は隣にいた母親に、「あのオジサン、たった25個でテレビに出られるの？　僕は１００個でも記憶できるよ」と叫んだ。母親からは「おまえにそんなことができるのか？　今からやってみな」と言われた。読者のみなさんにも私が中学２年生のとき、母親に説明した手法を紹介したい。この手法を使えば、記憶力に自信がないと思っている人でも、簡単に30程度の記憶ができるに違いない。

まず他人に何でもいいので、モノの名前を読み上げてもらい、他人はそれをメモする。例えば、「アパート、電信柱、リンゴ、トラック、消防車、雪だるま、時計、イオン、いとこ、財布」とする。この10個を文字で覚えることは大変困難だ。そこで、みなさんなりに、ストーリーにする。それを絵のイメージとして記憶する。いったん記憶したら、そのシーンをリセットすることが大切。それにより次のシーンが記憶しやすくなる。

このストーリーを私なりに順に作ってみよう。「アパートの横に電信柱が立っていた。なぜか、その柱の上にリンゴが置かれていた。リンゴが風に吹かれてトラックに落ちた。そのトラックは少し走って消防署についいた。消防車が出動した先には、なぜか雪だるまが置いてあった。雪だるまが溶けたら時計が出てきた。その時計はイオンで売られていた。イオンにはいとこが勤務していた。いとこはいつも財布を持ち歩いていた…」

このストーリーは、みなさんが覚えやすい場面にするとよい。記憶力に自信がない人でも、簡単にできると思うので試して頂きたい。また、「財布を持ったいとこはイオンに勤めていた。イオンでは時計のバーゲンをしていた。その時計は雪だるまに入っていた。雪だるまに消防車が来た…」と思い出すことで、逆からでも答えられる。この手法を使い、知らない方に披露すれば、きっと尊敬されることは間違いない。

海外に憧れ、欧米の少女にペンパルを申し込む

1950年代に入り私の遊びのエリアは次第に拡大し、東洋紡績など大きな工場の焼け跡探検や野原、小川がフィールドとなった。マッチと醤油を持っていき、捕れた魚やエビ、カニを

その場で焼いて空腹を満たすなど、のどかな時代だった。新聞がまだ読めないため、夕方からラジオを聞くことが楽しみだった。

当時、朝鮮戦争の経過やトラック、ジープの修理を米軍から大量に受注したというニュースが流れていたのを覚えている。自衛隊の発足、スエズ危機、ワルシャワ条約などの言葉を何度も耳にしたが、全く意味が分からなかった。ただ、この情報はNHKが海外の放送局から得た情報なのか、現地に日本人が駐在して得たものなのかが気になった。

音楽ではフランク・シナトラやレイ・チャールズなどの曲を、歌詞の意味が理解できないにもかかわらず、口ずさむことができるほど何回も聴いた。その頃、高級車をよく見掛けた。それらはすべて米国の大型乗用車であり、子どもながらに「すごい技術を持った米国」という国に惹きつけられた。海外事情に人一倍興味を持つ子どもだった。

海外を知るためには英語が必要だと分かってはいたが、当時、英語といえば『Ｊａｃｋ Ａｎｄ Ｂｅｔｔｙ』という教科書しかなかった。そこで、海外事情を知る手立てを文通に求めることにした。欧米のたまたま少女ばかり7人の「ペンパル」と手紙を交換することになったが、彼女たちの住所は文通の本に紹介されていた。

中学3年生の英語力では無茶な行為だったかもしれないが、ペンパルに初めて書いた手紙に、「日本には英語の雑誌や新聞がない。古雑誌などを送って欲しい」と書いたところ、米オレゴン州のドロシーと豪シドニーのジェーンから、大量にそれらが送られてきた。1ページの単語を調べるため、1時間以上掛けて辞典を引いた。

お年玉で買った小田実の著書『何でも見てやろう』は、世界中を放浪した旅を紹介した本だった。これを何回も繰り返して読み、大きな影響を受けた。ただ文通するだけではなく、「どの国でもいいから行ってみたい」という抑えられない感情が芽生えたのもその頃だった。

社会に出て数年後、仕事に少し余裕ができた頃、3人のペンパルに近況を報告した。ただ1人だけ、オレゴンのドロシーから返信が届いたことに大感激した。半年後、米国に行く予定があったので、ナイアガラで会う約束の手紙を書いた。渡米の目的はムーア社の治具研削盤の導入を計画していたからだった。

視察旅行の最終日にフォード社を訪問したとき、同じ敷地内で鉄板の圧延をしていたのを見て違和感を覚えたのは、何もかも社内生産するより資源や技術を集中する方がいいと思ったからだ。一方、参加者の中には「さすがにフォードはやることがダイナミック」と感想を述べる人もいた。その後、製鉄部門は切り離したとの噂を聞いた。当時の為替では海外出張費は企業として大きな負担だったが、それ以上に得られるものが多く、以降は定期的に海外に出掛けたいという意欲が高まった。

記憶術を考案した中学時代の私（右から２番目）

ナイアガラでペンパルのドロシーと対面（左から２番目）

四日市商業高校に進学、強豪バスケ部に入部したが…

子供の頃、親父が知人と話をしているのを盗み聞きしていると、「良い跡取りがいるな」との会話をよく聞いた。そのためか、自分の進路希望がどうあろうと、子供の頃から親の跡を継がなければならないと覚悟していた。一日中仕事のことしか頭にない親父は、友人の親と比べても大変厳しかった。自分から話し掛けた記憶がないほどの親子関係だった。

中学3年生の夏、母に進路の相談をしていると、横で聞いていた親父が間髪入れずに「四日市商業高校へ行け」と叫んだ。親父は尋常高等小学校しか出ていないため、「自分は読み書きとそろばんが下手だ」と常々言っていた。算数と理科、英語はいつも「5」、国語と社会は「3」という成績だった私は、工業高校に進みたかった。しかし親父は、「高校で教える程度の技術は、おれが教えてやる」と言い張った。

当時の四日市商業高校の卒業生の給与は県下で最高だったらしい。我々より年長者や親父の世代は、四日市商業に憧れを抱いていたようだ。当時は、親の反対を押し切って志望校に行くなど考えられない時代だった。ただ、私としては行きたくもない高校に強制入学させられた思いだ。噂以上に規律に厳しい校風にも閉口した。あれもダメ、これもダメとダメダメ尽くしだったが、結果的にそれが私を「良い子」にしてくれたと思っている。

学課に興味が湧かなかったのでスポーツに力を入れることにし、連続7年インターハイ出場を果たしていた強豪のバスケットボール部に入部した。身長１６６㎝だった私には似合わないスポーツだったが、チームメイトも同じような背丈だった。毎日、練習前に８㎞走っていたように、同部の強さはスタミナにあった。試合では、前半に10点程度のハンデなら、後半に残った体力でかき回して必ず勝利した。

１９５９年9月、高校2年生のとき、戦後最大といわれた伊勢湾台風を経験した。工場の被害は甚大で大学への進学をいったんはあきらめたが、学期末の3月になって再び進学を決意した。ただし、普通校で学ぶ子との学力差は比較にならないだろう。その差を克服するための勉強時間が必要になり、バスケ部長に退部を申し出たが、予想通り厳しい言葉が返ってきた。３年生になり主力選手としてインターハイ出場を目指すこの時期に、他の誰かが退部を申し出れば、私でも腹が立つだろうと考えた。

私が幼い頃にビルマから復員した叔父は、「多くの戦友が戦死したのに、おれは帰ってきた。本当に申し訳ない」と話し、毎年靖国神社に参っていた。体格に恵まれない叔父は運転手としてトラックに乗り、後方支援をしていたが、それでも辛いので家族にも話したくないと言っていた。私が退部した際の辛さとは比較にならない、戦争体験者の心だったのだろう。

受験英語を1日6時間で立命館大学に入学

60年前の夏といえば、猛暑とは無関係の気候だった。私の記憶ではその頃の最高気温は32℃程度で、お盆休みが明けると寒くて水泳はできなかった。水遊びが好きだった我々の仲間は震えながら、唇は真っ青にして泳いだことを思い出す。

伊勢湾台風が襲来する直前の夏休みのことだ。親父の機嫌の良さそうなときを見計らって、「大学の試験を受けてもええやろか?」と、恐る恐る聞いてみた。当然、「ノー」という答えを予想していたが、意外な言葉が返ってきた。「なぜ大学に行きたいんや?」。私は想定外の問いに思わず、「将来、会社が大きくなったら、大卒が入社するかもしれない。社長が高卒であれば、社員が惨めに思うかもしれないから」と答えるのがやっとだった。親父は、「試験は1回だけだぞ。浪人は許さん」と言って一発勝負の大学受験を認めてくれた。思わず「やったあ」と思うと同時に、商業高校からの不利な進学に不安を感じた。

商業高校では3年生になると、ガリ版で印刷した模擬紙幣や小切手を使っての銀行実務の練習や、簿記会計の資格試験対策として、莫大な量の仕訳作業やそろばんでの計算などの授業ばかりだった。そこで机の下に辞書を隠し、英語の〝内職〟をしたが、すぐ先生にばれてしまう。

桑原先生からは「澄夫くん、内職ばかりしているが、期末の試験で成績が残せないなら卒業はできないぞ！」と脅された。しかしこれは、進学しない多くの生徒を思っての心遣いに違いないと理解した。

直前まで運動クラブで汗を出し、退部後はひたすら〝内職〟していたため、桑原先生の予想通り期末試験の結果は330人中273番という惨憺たるありさまだった。授業を放棄したとはいえ、惨めな成績だった。しかし、「まだ下に50人いる」と強気に考えることにした。

貿易科で生徒会副会長をしていた優秀なK君も進学を目指していた。職員室では、K君なら同志社や立命館に受かると予想していたらしい。結果的に12人が立命館大学を受験したが、合格したのは私だけだった。後日バスケットボールの後輩から、「伊藤先輩、職員室では『当校で270番の成績の生徒が立命館に合格』と威張っていたよ」と言われ、複雑な思いがした。

合格した理由を分析すると、英語のウエイトが高いと聞いていたため、毎日6時間近く英語に絞って自習をしたことだろう。立命館には、ライバルの同志社に英語力で勝つために創設された「Aクラス」があり、経済・経営学部の受験者計1800人の英語成績上位60人に選ばれていた。しかし、私の現役中に同志社と英語力を競うような催しはなかった。英語の自習特訓を行ったのは200日程度だったが、この頃に培った単語力が今も海外活動で役立っている。

卒業後半世紀以上経過したが、5年程度海外に駐在した社員の英語力と比較すれば、現地で耳慣れした彼らには勝てないが、ボキャブラリー（単語力）では勝っているように思う。若いときの努力が大切なのはこういうことなんだろう。

弓道部に入部、鎧を通すほどの矢より有意義な体験

1961年、立命館大学経営学部の1期生として入学した。人見知りで気が弱く、引っ込み思案の性格だった私は「こんなことでは社会に出ても通用しない」と自己分析していた。現在の明朗で豪快な私を知る人は、そのことを信じない。しかし、昔の私を知る旧友からは「澄ちゃん、君は昔とずいぶん変わったな」とよく言われる。

大学を卒業するまでに自分の性格を変えたいと思っていたが、それにはやはり運動部に入る方がよいと考えた。中学、高校ではバスケットボール部で活動したが、大学の運動クラブでは技術と体格の双方が伴っていないと無理だ。そこで、体格がハンデにならない運動クラブを探すことにした。スキー、山岳、乗馬、フェンシング、重量挙げかなと考えながら、校舎の近くにある京都御所を歩いていた。すると「エイィー」「当たりー」と御所の建屋から大勢の大きな声が聞こえてきた。自然にそちらに向いて歩くと、その建屋は弓道場で中から2人が出てきた。御所という伝統のある環境で、胴着と袴を身に着けた2人の姿は実に格好良かった。

四日市商業高校時代の私

立命館大学時代の私

目が合うといきなり「1回生か?」と聞いてきた。実は立命館大学の弓道部員だったのである。彼らは、「興味があるなら見ていけよ」と優しく言ってくれたが、それは私を勧誘する目的だったのだ。昔、忍者のように吹き矢や手裏剣で遊んだ私は、狙いを定めるのと腕力に自信があったので、その場で入部した。

従兄の伊藤克とは下宿が一緒で、青春を語り合った仲である。下宿に帰ると、私は従兄に宣言した。「弓道部に入部したが、必ず主将になって活躍する」と。リーダーになるためには下級生のときに、いかに上級生に認められなければならないかを知っていた。主将になるには技量はもちろん明るく、時には思いやりを持ちつつ、強力にリードできる手腕などを身につけなければならないと考えていた。3回生の夏は高知城内の弓道場で合宿を行ったが、その頃に主将に任命された。主将といえば従兄の伊藤克は四日市高校の剣道部で主将を務め、三重県大会で個人で優勝という実績を持っていた。

弓道部では、2回生の初戦から4回生の秋まですべての公式試合で活躍し、4回生のときの昇段試験では4段を取得した。8段の三原師範代から「伊藤の強い矢であれば、鎧を突き抜けるな」とお褒めの言葉を頂いた。しかし私にとっては、社会に出て何とかやれるという手応えを得たことの方が、はるかに有意義な部活動の成果だった。弓道部時代に自分の性格を変え、手応えを感じて半世紀が経過したが、やはり持って生まれた性格はすべて変えられるものではないと幾度も感じた。

駅前でタクシーを拾う折、数十台の車両が客待ちをしている場合、近距離の乗車で乗っては申し訳ないと思うのだ。わざわざ信号の向こう側まで歩き、流しのタクシーを拾うことしかできない。知人には「彼らはそれが仕事だから、なんで遠慮をするの？」と言われることが多いが、どうしてもやれない。しかし、長年控えめで相手の立場を尊重する行為が、好結果をもたらしたことも多かった。特に海外では、心遣いやおもてなしは一般的ではないだけに、相手側に好印象を持って頂ける。

私は気が弱いのではなく、心遣いをしているのだと割り切った考え方に切り替えた。親友は、「伊藤くんは心遣いを忘れないと言うが、結構きついことも言うな」とよく言われる。仮に社員が業務上大きな問題や失敗をしたとき、きつく叱ることをしないのは、すでに自らは深く反省しているからだ。私が大声で注意をするのは、「人間としての道を外れた行為をしたときだけ」と心掛けている。

母に余計な心配を掛けたくなかった大学生活

幼い頃、私が栄養失調になった負い目があったのだろうか、母の私に対する愛情を深く感じていた。そんな母は「東京は遠くて心配」と考えていたようで、自宅からクルマで2時間以内に行ける京都の大学を選んだ。私は母に「学費以外の費用は1万5000円で賄う。4年間値上げもしません」と宣言した。これは、当時の平均よりかなり安い金額だった。

その理由は、①学生時代に贅沢をしてはいけない、②社長の息子と思われるような金銭感覚は良くない、③予算通りの上手な金の使い方をしたい、④値上げを頼むことで母から悪い遊びなどの疑いを掛けたくない、などであった。このように、金の面で自分に厳しくしたことは、社会人になってからもあらゆることで大きなプラスになった。

最初の東京オリンピックを2年後に控え、2回生になった私は春から弓道部の正選手となった。オリンピック景気で物価は徐々に上がり、対外試合の交通費が増え、学食でさえ高く感じるようになってきた。弱音を吐くのが嫌いな私は、母に値上げ要求はしないと誓った。そこで打った手は、「2歳になる可愛い姪に会いたいから、京都に連れてきて」と頼み、ついでに「米と味噌、醤油をいっぱい積んできて」というお願いだった。米や味噌をねだるのは、仕送りの値上げを要求したわけではないと自分に納得させた。周囲から「料理が上手な伊藤さん」と久しく言われているが、この頃に得た技だ。

安く健康的で美味しい料理には、幅広いアイデアが必要だ。モノづくりに身を置くようになり、料理で編み出した技がモノづくりにも大いに役に立っているといって過言ではない。冷蔵庫にあるだけの食材で、短時間で美味しく、栄養価を考えながら常に料理を行ってきたことが、現在のコスト低減や改善活動の技に似ているような気がする。自宅に招いた社員には、食後の洗い物だけしかできない人が多いが、仕事以外でも気配りや何でもやってみようという考え方が必要と伝えている。

3回生で主将になり、リーグ戦で強敵に勝利したときには後輩にビールをご馳走したが、財布は火の車となった。それでも値上げを封印した私は、家庭教師をして何とか借金のない生活を送った。4年間、信じられないほどのケチケチ生活で過ごし、社会人になってからこの行為が弊害にならないかと心配したものの、それはなかった。私が仮に1人でカラオケに行き、5000円使ったら今も〝もったいない〟と思うが、顧客と高級クラブに行って20万円払っても、もったいないとは感じないからだ。

伊藤製作所に入社、技術者目指して再入学

大学の卒業が近づいてきた。社会人になれば、好きなスポーツや遊びができなくなると思うと、やり残したことが次々と浮かんでは消え、寂しさと不安でいっぱいになった。卒業後は、先代が伊藤製作所に新たに金型を製作する部門を立ち上げていたので、金型製作の修行ができ

る会社が良いと考え、金型と研磨機を製造する「日興機械」を志望した。首尾良く合格したものの文科系出身ということから、配属先は営業か経理の内示を受けた。そこで、私は金型製作部門への配属を懸命にお願いし、やっと了解を得たのである。

日興機械は、本社を横浜市に置く平面研削盤のトップメーカーだった。当社が金型製作部門を設立した際に、平面研削盤1台と成形研削盤3台を発注した関係で、当社の若手社員を3カ月あまり指導してくれたほど親切な会社だった。ところが、卒業を1カ月後に控えた1965年2月上旬、京都の下宿宛に1通の速達が届いた。そこには、会社の業績悪化を理由に「会社更生法の手続きをしているため、新入社員全員の採用を中止することとなった」という衝撃的な内容が書かれていた。

時あたかも不景気で就職難といわれた時代のこと、大学の進路指導課は休止しており、職を探すことなど全く不可能だった。かくして私の就職先は、心ならずも親父の経営する伊藤製作所に決まったのだ。古参社員から「京都からボンボンが帰ってきた」などと思われるのが嫌で、どこかの会社で修業を兼ねて就職したかったが、かなわなかった。

そこで入社前に、名古屋工業大学の機械科に通っていた従弟の長田耕一に自宅に泊まってもらい、2カ月間数学と物理の猛勉強に励んだ。その結果4月に、名城大学理工学部機械工学科2部（夜間）の2年生編入試験に運良く合格した。「これで技術者になれるぞ。職人に一人息

立命館大弓道部時代の私

伊藤製作所入社当時の私

子のボンボンとは言わせないぞ」と思ったものだ。

毎日、午後5時に仕事を終え、名古屋市中村区にある学舎で学び、深夜0時に帰宅という日々が続いた。土日は長時間必要とする実験などで登校し、好きなスポーツは一切できなかった。近所の人たちは毎日御前様の私の行動を知り、「伊藤の息子は遊び人」と思っていたようだ。結局、仕事とおつき合いが忙しくなったこともあり、4年生の9月に退学することとなったが、実は大学には金型の文献や教科書など何ひとつつながらなかった。根性を鍛えられたことが唯一の収穫だったとあきらめている。

16年間の長きにわたり、親に教育をしてもらったからには、社会に出て恩返ししたいとか、役に立ちたいと考えた。しかし、どちらを向いても分からないことばかりで、私を教育してくれるような幅広い知識を持った幹部社員はいなかった。親父の号令をひたすら聞き入れ、モノづくりに真面目に励む職人さんばかりだったのだ。その頃に考えたことは、社員や取引先、顧客から「若いのによく頑張っているな」と思ってもらえるようにするには、どのようにあるべきかだった。ひたすら、そのことに心を砕いてきた。

第9章

親父から学んだ社会学と経営

先代から伊藤製作所の経営を引き受けて、早34年が過ぎた。親父の背中に学んでモノづくりの舵取りを続けてきたが、気がつけば当の自分がいろいろな立場で、「親父」として頼られることが増えてきたように思う。この最終章で、次の時代にも通用する〝親父像〟を整理して伝えたい。

親父の助言1▽「好きでない社員から先に声を掛けろ」

入社して数年経った頃、仕事が終わって親父が薪ストーブに当たりながら話し掛けてきた。常に口数が少ない親父らしく、「澄夫、おまえは気に入った社員ばかり声を掛けているが、気に入らない社員から先に声を掛けるようにしろ」「気に入った社員とは話をしなくても上手くいく」と注意されてハッとした。確かにそのようにやっていたからだ。当時は連絡手段としてメールもなく、会話は重要な伝達手段だった。

同様に「苦手なお客様に何度も訪問をしろ」と言われたが、億劫だなあと思った。嫌々ながら訪問を増やしてみると、意外と好結果が出た。私が嫌いと思う人は、相手も同じように考えているのだろう。他人が近寄らない顧客の担当者を訪問することで、可愛がられ、何かと気を使ってくれて良い営業活動ができた。それを長年経験している親父は、「なかなかいいことを言うな」と思ったものだ。

就任前にいろいろ話題の多かったトランプ氏が大統領になって数カ月後、総理補佐官と名古屋で食事をともにした際に、「安倍総理とトランプ大統領は上手くやっていけるのではないか？」と問うた。すると彼から、「トランプはそんなに甘くない」と言われた気がした。

私がそう思った理由は、安倍総理がマスコミや野党にひどい質問を繰り返されても冷静に対応していたし、外遊中どれだけ厳しい相手でも温和な顔で話し掛けているのを目撃したからだ。安倍総理の持って生まれた才能だろうが、私は親から指導を受けていたが真似はできない。「嫌な奴と思える人から先に声を掛けよ」と教えてくれた親父を思い出した。

世界中からブーイングを受けたり、日によって発言が１８０度変わったりする、トランプ大統領の政治家としての良し悪しは現在判断できない。また、安倍総理がトランプ大統領と良い関係を持つとして、国益にプラスかマイナスは未知であるが、世界中で彼から信頼されている政治家には違いない。今や世界で最も注目される政治家となった。米国とイランの仲裁を日本人の政治家が取り持つという行為は、戦前戦後を通じて初の名誉ある役割だ。トランプ大統領は、常に笑顔で対応する安倍総理を気に入ったに違いない。

親父の助言2▽「社員の好まない仕事をしろ」

大学を卒業して入社した頃から、社員の好まない仕事を進んでやろうと決めていた。社長の息子だから楽な仕事をしている、と社員に思われたくなかったからだ。四日市市から9㎞離れた工業団地に移転したことで、通勤のマイクロバスを導入した。その頃、夜間の大学に通い帰宅は毎日深夜だったが、早朝に起床し、3年間マイクロバスを運転した。1946（昭和21）年にビルマ（現ミャンマー）から復員した叔父の伊藤まさる（当時は40代半ば）が、私の毎日を見兼ねたのか運転を交代してくれたのだ。

寒い日の洗車は厳しい仕事の一つだが、これは現在も続いている。私が乗るクルマの洗車を社員に頼んだことは一度もない。年とともに根気がなくなってきて、もうそろそろ誰かにお願いしようかなと考えているのだが。

社員の嫌がる仕事は数え切れなくあるが、それを自ら率先することで忍耐と経験ができた。このような行いを社員が認めてくれたかどうかは分からないが、入社7年目にして、全社員は私のことを「専務」と呼び出した。親しい年長社員に「運転手と雑用しかしていない私がなぜ専務なのか?」と聞いた記憶がある。もちろん、社内でそのような辞令は出ていない。しかし、明らかに周りの社員は私の言うことを前向きに、真剣に聞いてくれるようになった。その頃から親父が言っていた以上に、社員を大切にする心遣いも一層心するように努めてきた。

親父の助言3▽「社員は50人以上にするな」

「社員は50人以上雇ってはならない。おまえには、それ以上の社員を使うだけの経営資質はない」と親父はつぶやいた。親父の真意を図りかねるまま、「分かりました」と答えておいた。当時、「出来物と会社は大きくなればつぶれる」と言われていた。スポーツや趣味の多い私が会社を大きくすれば、好きなこともできないと考えてくれた親心なのかもしれない。結果的に正社員が50人以上になったのは40年後の2007年だった。親父の言葉は、当社を強い会社に導いた理由の一つだと考えている。

私は、社員を増やさないので売上高が増えなくてもよい、とは考えなかった。少人数でいかに売上を増やすかを、幹部社員と常に考えてきた。1980年にはNCフライス盤を導入し、職人が膨大な時間を掛けてヤスリで仕上げていた作業をNC加工に切り替えた。ヤスリ仕上げよりはるかに精度の高い金型の刃物ができることで、精密部品の受注につながり、1人当たりの付加価値も大きく増えた。

1983年には分不相応と思われる高価なCAD／CAMを導入し、翌年には100本収納できる自動工具交換装置付きマシニングセンターを導入した。当時はツール20本程度の装備が標準で、穴開け、螺子立て、削りなど加工ごとに工具を交換していたが、それがいらなくなった。交換ミスがなくなることで、「一品料理」といわれる金型パーツの夜間無人加工を可能にしたのである。

この手法は徐々に外部に広がり、マスコミによる取材や当社への見学が頻繁に行われた。金型が完成し、部品加工はプレス機械で行う。1分間に50～100個加工できるプレス機械が主流だった頃、当社は700個打ち抜ける機械を導入し、1人で3台の機械を操作できるように改善した。これにより1人当たりの付加価値を大きく上げることができた。

コンピューターなどの小物部品を製造する栃木県にある技術提携先のK社では、1分間に2000個加工できるプレス機械を多数所有している。日本の高速プレスメーカーは世界でもトップクラスで、これらの機械を使いこなすことで海外との価格競争で優位に立てる。以上の理由により、300人の兵士に単発銃を持たせるより、50人の兵士全員に機関銃で武装させる方に軍配が上がるのと同じ発想だ。

創立 35 周年式典での親父と息子の竜平

親父の助言4▽「金型をやれ～親父の決断力と先見性」

すでに何度も触れているが、私は伊藤製作所に1965年4月に入社した。前年に工業団地に移転しており、町工場から一変してずいぶん会社らしくなっていた。石油化学コンビナートが林立する四日市市は当時、水俣と並ぶ公害の町と呼ばれ、「四日市ぜんそく」が社会問題になっていた。工場が排出する煙がぜんそくの原因であるとの判例が出たことで、市民団体のデモや苦情の矛先は中小企業にも向けられてきた。当社は真鍮鋳物を生産していた関係上、煙突から亜鉛の煙が常に出ていた。親父は様々な苦情に思い悩んだ末、資金的な余裕はなかったためすべて借入金で工業団地への移転を決意したのである。

しかし、こうした市民団体のおかげで、四日市は見違えるような環境の良い町になったともいえる。夜には星が見え、四日市港では鯛が釣れる。四日市市の地場産業は万古焼と漁網、鋳物などである。当時、漁網会社は絶頂期で「ガチャ万」といわれていた。漁網機械が一度「ガチャン」と鳴ると、1万円儲かるという意味だ。市内のキャバレーに繰り出す旦那衆の半数以上は漁網関係者だった。そんな時代に、当社は漁網機械の消耗部品であるシャトルを生産していたので業績は安定していた。

入社した直後、親父から「おまえは漁網機械の仕事はしなくていい」と突然言われて驚いた。「今やっている仕事の技術は、そのうち韓国や台湾に取って代わられる。これからは金型だ。金型の技術を上げればあらゆるお客様にアプローチできる」「企業の寿命は30年ともいわれているが、時代に相応しい技術を磨いていれば永遠に存続できる」というのだ。長年やってきた自慢の仕事を、息子に引き継がせるのが親心ではないかと、子供ながらに複雑な思いがした。しかし、当社が現在に至るまで高い技術力と業績を維持できているのは、60年以上も前に親父が決断したおかげと感謝すると同時に、先を読む力に感心している。

ただ、その当時は順送り金型の参考書や見本などはなく、注文を受けるたびに研究しながら作るという手探り状態だった。納品しては返品される繰り返しで、利益が出るまでに7年以上も掛かった。漁網機械部門の古参社員などは「息子はいつまで儲からないことに熱中する気か？　漁網部門の仕事は覚えなくていいのか？」と不満を口にしていた。

金型製作のきっかけとなった爆撃機B―29部品の衝撃

米軍の中型爆撃機B―25が最初に名古屋を空爆したのは、私が生まれる2カ月前の1942年4月だった。航続距離の短い同機が日本の東方海上1500㎞程度離れた航空母艦から発艦し、爆撃後は中国の東海岸に着陸する作戦だったのは、空母まで戻る燃料が足りないからだ。その後、サイパン島やマリアナ諸島を制圧した米軍はここを基地として、日本全土の爆撃を開始した。

1944年12月から翌年4月まで、名古屋に7度にわたる大規模な爆撃を繰り返したのは戦略爆撃機B—29だった。空襲の主目的は東区大幸町にある三菱重工業の航空機エンジン工場だ。名古屋日赤病院の周辺に日本陸軍の高射砲部隊があったと聞いていたが、ある日、陸軍の高射砲弾が1機のB—29に命中し、昭和区御器所に墜落した。

近くの工場で勤務していた親父は、急いで現場に駆けつけた。残骸を見ると、なんと多くの小部品が金型によって作られていた。三菱の分工場で航空機部品の製作に従事していた親父は、「俺が1日かけて作るような部品でも、金型を使えば5分程度でできるだろう。軍用機を大量生産できる米国との戦争は絶対に勝てない」と回顧していた。大手漁網製造会社の技師として機械の修理を任されていた親父は、「いずれ独立し金型を作りたい」とこのとき決意したのだ。

四日市の塩浜町には海軍燃料所があった関係で空襲を2度受け、市内の90％以上が焼け野原となった。地場産業の一つである漁網会社も当然大きな被害を受けた。漁網機械の修復には当社のシャトルが必要で、いくら生産しても追いつかない状況が10年以上続いた。

親父は戦時中の決意を思い出した。そして地場産業である鋳物やプラスチック金型、プレス

当時の漁網機械

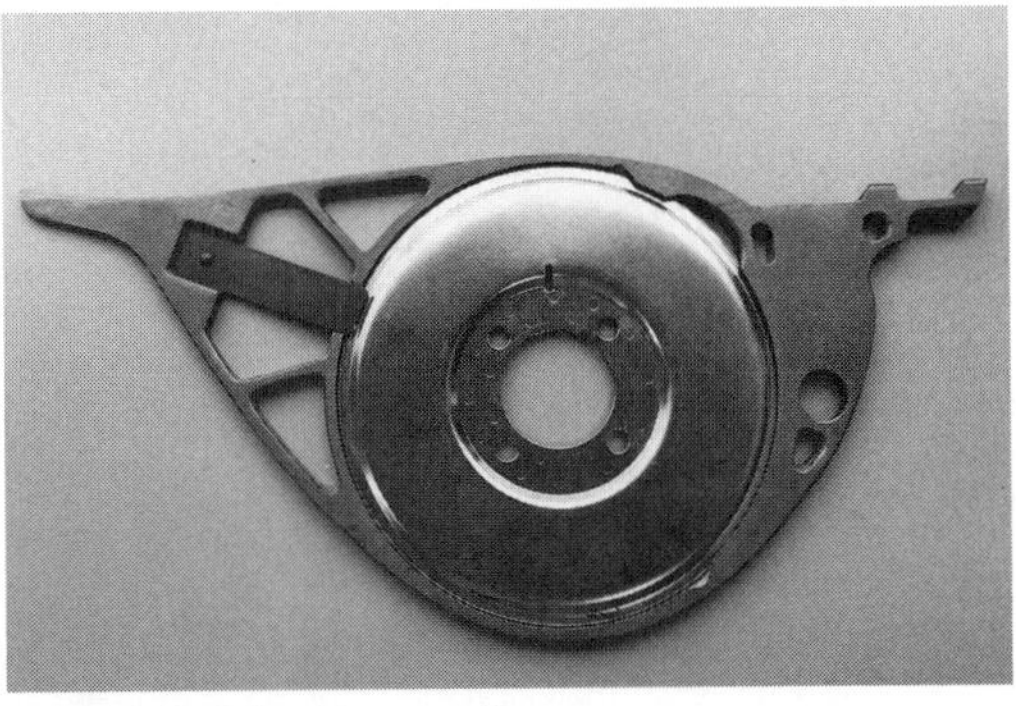

漁網機械の部品（シャトル）

金型工場を見て回った。その際に松下電器産業（現パナソニック）の協力工場を見学し、目から鱗が落ちたという。

「プレス加工すれば製品が下に落ちると思ったが、スクラップが下に落ち、製品が金型内で成形され、右側から勢いよく飛び出していた。これなら大量生産できるし、製品も安くなる。この金型を作れば、きっとお客様も喜ぶぞ」と、順送り金型の製作を決意した親父は、その後、頻繁に工作機械メーカーに情報を取りに行くようになったという。

つかの間の喜び

そうして1964（昭和39）年より金型製作を開始し、5年余りが経過した。軌道に乗って拡販の必要性が出てきたため、私は知人の紹介などで新規の顧客訪問を加速した。

港区大江にある三菱重工業の名古屋航空機製作所に、月3回訪問することを自分へのノルマと課した。取引口座を取得していない身分であり、担当者に会うために提供できる情報を仕入れるのに苦労した。2年余りの押し掛け営業で、やっと取引口座の内示を頂いた。会社に戻り、「親父さん！　口座をもらったよ」と叫んだ。私の営業活動の中で最も嬉しい出来事だった。

簡単な治具や部品を受注してから2年後、開発部門の研究工務課から主力製品の受注に成功した。それは風洞実験用のプロペラ（ＭＵ－２型）とロケット（カッパ・Ｋ）だった。アルミ製プロペラの価格は、給与が２万円の時代に１０８万円だったが、現在の貨幣価値なら高級車が数台購入できる。

フライス盤で、荒削りをしてゲージに合わせ、仕上げ加工はすべてヤスリで行ったが、寸法公差は０・０２㎜という高精度だ（そのような匠の技は現在、残念ながら日本からなくなりつつある。その理由はＮＣ工作機械の進化により３次元形状部品を無人で加工できるようになったからだ）。

ヤスリの技術と成形研削盤の技術には自信を持っていた。名古屋航空機製作所には当時そのような加工技術がなかったおかげで、大変重宝されていたことが当社の武器だった。しかし、大いに自慢できるこれらの受注で、当社がピンチになるとは予想もつかなかった。

飛行機か金型か

直径60㎝のプロペラの材料（アルミの丸棒）を荒削りするため、牧野フライス製作所の機械を使用した。複雑な加工のためハンドルを何度も回し、エンドミルで３本のプロペラを荒削りするのに１２０時間以上掛かった。牧野のフライス盤を半月以上独占されることになり、金型製作用に導入した精密フライス盤が使えない。そのため、金型の納期が大幅に遅れることとなったのだ。しかし当時、200万円程度したフライス盤をもう1台導入する資金がどうしても工面できなかったのだ。

金型を作りたいと言い続けてきた親父は、私と工場長に「金型か飛行機か、どちらを取る?」と問うた。我々は「金型です」と答えたが、そのとき親父の目には光るものがあった。「高価でもないフライス盤さえ買えないばかりに、おまえたちには苦労をかけるな」と、親父は経営者として詫びたかったのだろう。

名古屋航空機製作所を訪問し、当社の実情を説明してお詫びしたことで、最優良企業との取引はこうして終わった。現在なら100倍高価な機械でも導入できるのにと考えると、もったいない話だった。金型を選んだことがよかったのか、そうでなかったのか。ただ、歴史に〝if〟はない。

34歳までトラック運転手

高校生になった16歳で、小型四輪の運転免許証を取得した。この頃は、満16歳になれば受験資格が得られた。しかも大型バイクにも乗ることができ、今の若い世代にはうらやましく思わ

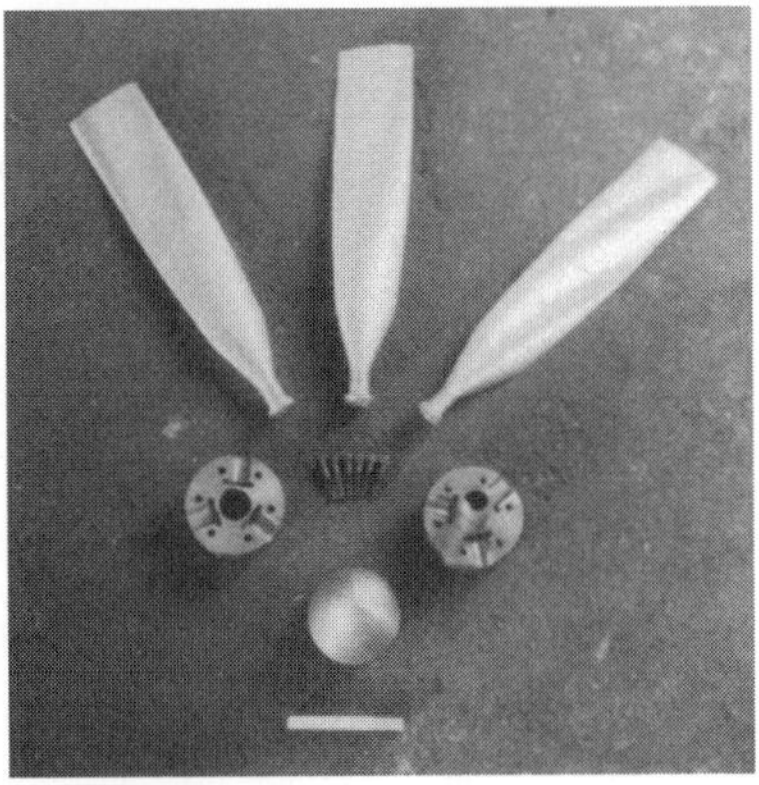

風洞試験用プロペラ

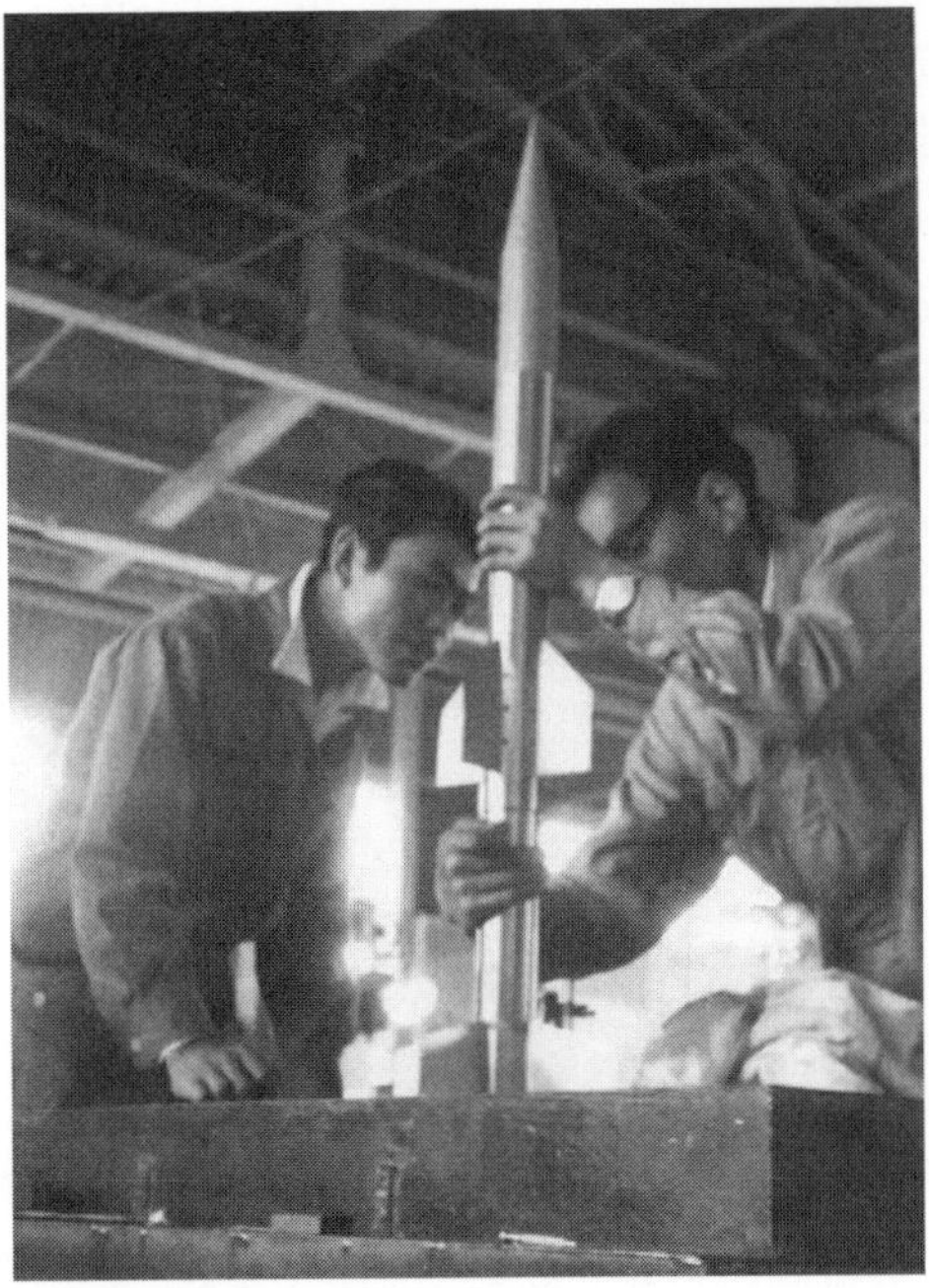

風洞試験用ロケット

れるだろう。クルマがまだ珍しい頃で、無免許でも自由に運転できた時代だ。

電力会社の下請けをしていた従兄の会社の4tトラックを、中3の頃から乗り回していた。ギヤチェンジは、ダブルクラッチという技を使わないとシフトチェンジができない代物だった。16歳の誕生日を迎えた6月に、姉が使った道路交通規則の教科書を読了し、600円の印紙を購入した出費だけで、一発で合格した。試験官は私の運転技術を褒めてくれたが、運動神経の鈍い親父は6回目でやっと合格したこともあり、私の一発合格を感心していた。6回目ともなると、試験官が同情して合格させてくれるような時代だった。

親父の新車が納入された日に、1週間以内にクルマに傷をつけるかどうか、社員同士で賭けをした。そんな博打の対象にしたことが、後に親父にばれて激怒された。入社後5年目の頃から、金型部門だけでなく自動車部品事業が順調に成長し、愛知県の顧客に納入するため、トヨタの2tトラック「ダイナ」を購入した。クルマが大好きな私は納品をすべて受け持った。若い社員も納品業務を希望したが、金型の技術をつけさせるため、やらせなかった。

社長の息子だからトラックには乗らない、と思われることはよくないとも考えた。また、納品が終わってから営業をすれば、1台のクルマで効率的に動けると考えた。学生時代に度を超えた「もったいない」の生活習慣が生きたのだろう。それから34歳まで納品業務が続いた。真夏にクーラーがないことや、雨降りでも辛いことはなかったが、設立30年を超える会社の息子が、いつまでも運転手をしていることで零細企業に見られるとすれば悲しかった。私が34歳になって初めて専属の運転手を採用し、ライトバンで営業に出るようになり、「1日でこんなに多くの仕事ができるのか…」と思ったものだ。

ある日、親しい顧客の専務と材料問屋の社長と3人でコーヒーを飲む機会があった際、私が「長いこと運転手をしていて…」とつぶやくと、2人が「伊藤くん、何を言っているのだ。おれたちは君の仕事ぶりを見ていて、『あいつは将来、大物になるぞ』と言っていたんだ」と話してくださった。私が褒められたことより、会社が零細企業と思われていなかったことが嬉しかった。

商用車に乗り、ネクタイをして営業するのが当たり前の当時、長靴を履き軍手で12年間もトラックに乗ったことで、多くの顧客に別の意味で認められたのだろうか。自動車が年々増産するという幸運も重なり、その後の営業で大きな成果を上げるきっかけとなった。

「もったいない」の心

私が入社以来、現在まで持ち続けているのは「もったいない」の心だ。これは、日本工業大学の横田悦二郎教授と共通する理念だ。横田教授は、高度の金型を製作するためには〝「もったいない」の心の大切さ〟を論じている。大手企業のサプライヤーとして、より安価で高品質の製品を納めることが使命である。顧客に満足してもらうには、日頃の改善の積み重ねに尽きる。全社員がこの心を持つことで、良い結果が出せると信じている。

全社員をその気にさせるには、まず私が率先することだ。また有限である資源の節約で、少しでも多くの資源を子孫に残すことは、地球環境のためにもなると考えてきた。これまで60年間クルマに乗ってきたが、私は6分以上のアイドリングをしたことはない。もちろん、踏み切りで列車を待つときもエンジンを切る。

自動車にとっては良くない運転かもしれないが、長い下り坂ではニュートラルで走る変な癖がついてしまった。現在でも同じクルマであれば、みなさんより10％以上少ないガソリンで走る自信がある。ありがたいことに、最近では自動車メーカーがアイドリング・ストップやハイブリッド車を販売してくれたことで、変な運転をしなくてもよくなった。

小さな無駄はあちこちに

当社には12カ所に手洗いがある。すべて温水洗浄便座付きの便器を採用しているが、18個の便器にタイマーを取り付けた。出勤直後に11時間のタイマーを回すことで、アフターファイブから翌朝まで、また土日を含めると便座と水を温める電力は、つけっ放し時に比べて70％節約できる。節約した電力料を計算してはいないが、大した金額にならなくてもよい。当社は６工場すべてに太陽光発電を備え、年間２０００万円余りの電力料を稼いでいる。したがって、わずかな電力の無駄を気にすることはないが、70％の無駄をなくすという心掛けが大切なのだ。全社員の誰かがタイマーを回す行為で、「もったいない」の心が植えつけられる。当社では５月より10月までの半年間、節電を毎日実施している。

友人からは「社長の君がそんなに細かいことをするなよ」と言われるが、社員から社長がこんなに細かい無駄も見逃さない、と思われることがよいのだ。それを１２０人の社員が見習い、「もったいない」を実践してくれることで、私が思いつく何倍もの節約や合理化が長期間に実現するだろう。このような節約事例を、過去数十年間で数え切れないほど積み重ねてきた。当社の工場内やオフィスには様々なアイデアが満載されているが、今後の改善活動に終わりはない。

少人数で安全に効率良く生産を行えるようになったのは、「もったいない」の心からである。危険な作業の撲滅や品質管理、疲労の少ない作業方法、床に油のない工場。社員には、「私はけちではないよ」と伝えている。節約と合理化が進み利益が増えれば、必ず決算賞与として社員に還元しているからだ。たった６文字の心の全社員への定着が、当社をして75年生き延びさせたのだ。

高級ホテルやゴルフ場、公共施設では、夏でもお手洗いの便座はヒーターがONになり、洗浄水は湯になっている。全国で何千万個ものトイレが夏中無駄な電気を使うことは大きな損失であり、環境破壊に輪を掛けている行為だ。企業の管理職はこのように分かりやすく、簡単なことから手をつけ、企業のモラルや躾を高める教材としたいものだ。

アジア諸国から夏季に来日する裕福な観光客は、日本のトイレの性能と清潔さに感激すると同時に、閉口しているはずだ。彼らは部屋や飛行機内、飲み物など冷たいほど高級で贅沢と考えている。生暖かい便座に座れば、「他人が使ったのかな?　気持ち悪い」と思うはずだ。必要はないが、むしろ夏季には水を冷やした方が喜ばれるだろう。現在まで散々細かいことに気を遣ってきた私だが、いずれ退職したら優雅で贅沢な生活をしようと思っているが、長年の「もったいない」癖は決して抜けないだろう。今では〝MOTTAINAI〟は海外の2事業所でも通じる言葉である。

営業部員は野鳩の精神を持ち続けなあかん

1945年に創業した当社は主力製品である漁網機械の次の業務として、精密金型を

「もったいない」の心で5Sの行き届いた第4工場

たくましく生き抜く野鳩のように

1964年から開始したことはすでに述べた。一品料理である金型はモデルチェンジや新車の発売でもない限り、年間通じて安定した受注ができない。順送り金型に特化したことで、5年が経過した頃から中部地区では多少知名度が上がってきたかもしれないが、受注活動では常に苦労した。営業部員を増やす体力はなかったため、外部の力をお借りすることを考えた。そこで新聞社やマスコミに当社の情報を定期的に発信し、材料問屋や商社、機械メーカーとも密接な交流を持ち、多くの紹介などでお世話になった。

その頃、名古屋でプレス機械を製造・販売している経営者一族から次のように教えられた。「伊藤くん、お客さんが儲かる金型を販売するだけでは企業として成り立たない。金型は売るより社内で使うことも考えた方がいい。プレス機械が買えないなら、利益が出るまで貸してあげる」とありがたい助言を頂き、言葉に甘えて2台お借りした。このような信じられない親切がきっかけとなり、プレス部品加工部門が立ち上がったのは1970年からである。お借りした大切なプレス機械の代金返済はなんと、2年後にできたのだ。

先代社長の親父から、「澄夫、この部品の加工費は間違っていないか?」と言われたのを今も覚えている。高価な精密機械を多数備え、社員教育に5年以上かかる高度な仕事が金型づくりだ。それにもかかわらず安価なプレス機械に金型をセットし、技術的に新米の社員が金型製作の3倍もの粗利を稼いたのだ。しかも、月々安定した受注が舞い込むありがたい新部門となった。以来、半世紀が経過した今も金型費は安く、部品の量産部門は安定した経営ができている。

親しい知人に、「伊藤さん、そんなに儲からないなら金型の製造販売をやめればいい」と言われる。しかし、絶対にやめられない事情がある。まず、日進月歩する技術についていくためには、金型を製作しないことには技術の蓄積ができない。また、金型屋が製作してくれなくては、やりがいのある新規部品の受注はできない。社内の金型技術が高ければ、それなりの美味しい量産部品の受注ができるのだ。知り合いの金型企業は、当社よりはるかに高性能の金型を製作していた。しかし、金型専業のため残念ながら廃業してしまったが、国家的な損害だ。

国内外の漁網関係の顧客に当社の存在は知られ、定期的に自動的に受注は舞い込んできた。入社以来、営業活動をしなくても漁網部品の受注を頂くことは当然と考えていた。しかし、漁網とは全く異なる業種である、自動車関係の顧客の獲得は大変な苦労だった。どこに餌があるかの情報もなかった私の営業は、野鳩のように飛び回った。門前払いが当たり前の実力しかなかったあの時期の惨めな営業活動は、私に忍耐と根性をつけてくれた。

若かった私は、「今日は受注を頂けるまで会社に戻らない」など自分に鞭を打ち、手当たり次第に顧客訪問した結果、やがて部品の売上は伸びてきた。現在、当社は自動車部品をメインに月間3億円前後の受注を頂いている。日常の営業努力がないときでも、ありがたいことに自動的に受注が舞い込む。このような恵まれた環境で経営できることに、私はすべての顧客に感謝のしようがないほどありがたいことと感じている。しかし、15年以上続いているこの恵まれた状況に、私は危機感を覚えずにはいられない。

経営には上り坂と下り坂のほか、「まさか」がある。まさかとは自然災害や大不況に加え、主力製品の海外への移行や設計変更に伴う発注の打ち切り、時には同業他社への転注など様々な要因が考えられる。私は危機管理として常に、社員に「野鳩の精神」を植えつけている。会社の状況に一時も満足してはいけないし、平素から野鳩の精神を保つことを教えている。

当社は、伝書鳩のように時間が来れば必ず餌をもらえ、運動させてもらえるような恵まれた企業ではなかった。不景気で受注できないなどピンチの際は、受注を待つのではなく、自ら餌を探さなくてはならないし、その餌は国内ばかりではなく海外にもある。餌を容易に獲得するには平素から鋭い目、技術力、情報収集力と語学力などのほか、まさかの状況や粗食に打ち勝つ根性を持つことも必要だ。

恵まれた顧客のおかげで安定した経営が長引くにつれ、長年培った当社の強みである〝野鳩の精神〟が退化するのではないかと心配している。新技術の開発や「もったいない」の心で、終わりのない合理化や改善活動を続けていくが、今後は順風満帆の時期であれ、「まさか」の到来に立ち向かえるような精神論の大切さを忘れてはならない。受注が急減した状況は過去に何度も経験した。伝書鳩になりかけている当社の営業担当が、過去のような「まさか」の事態にどれほど果敢に立ち向かえるかが、私の大きな心配と期待である。

これがニッポンの良いところと弱いところ

英フューチャー・ブランド社は２０１９年度、「日本のブランド力は世界一」と発表した。世界各地の海外旅行をした計２５００人にオンラインでインタビューを行ったもので、製品に対するサービスの信頼性や健康的な食事のほか、自然の美しさ、独特の文化が世界で高く評価された。

中国南方航空のキャビンアテンダントはインタビューに「北京―成田便は大人気で、アテンダント仲間で取り合いしている」と答えた。理由は、日本人乗客のマナーの良さに尽きる。食事が終わると食器などを整然と並べ、シートや床の汚れなど見たことがない。また、大声で話すなども一切なく、必要なこと以外に無理な要求もほとんどない。したがって、業務が楽、というより楽しいほどと言う。

反日が多いといわれる中国人と韓国人だが、日本に旅行した人のほとんどが真の日本の良さを感じて帰国するといい、リピートの旅行客が増加している。小さい頃より反日教育を受けている彼らは、真剣に日本が〝良くない国〟と考えている。それが、来日して実際の日本に触れ、そのギャップから実際以上に良く見えるのではないだろうか。

その日本と中国だが、インドネシアのジャカルタからバンドンまでの新幹線工事を、日本は受注直前の2015年9月、中国にさらわれてしまった。5億円ほど調査費を使い、7年掛かりで調べ上げた資料が違法にそのまま中国に渡ってしまい、メーカーのみならず政府や国民も激怒したものだ。

私の知るインドネシアの国民の100％が「日本の新幹線に乗りたかった」と今も言う。彼らから「日本側は裏金を渡さないから中国に取られたね」というジョークもたびたび聞いた。また、長年インドネシアに駐在する商社マンから聞いた話では、「あの事業は受注しないでよかったのだ。バンドンは火山帯があって年間数㎝も地盤が動いている」と言う。「何年もしてから線路が大きく動けば、日本のメーカーはいつまでも補償させられる可能性があるからだ」とも話していた。

不思議がられる英語力の低さ

日本や日本人の素晴らしさを述べたが、どこの国民でも一長一短がある。日本人の弱点の一つといえるのが英語力だろう。

海外に旅行や業務で出掛けた日本人の語学力の低さに、現地の人は驚きを隠せない。特にアジアの人々は日本のことを「先進国」「高学歴」「信頼できる」「マナーが良い」「アジアで唯一ノーベル賞を取得し、世界に対してアジアの誇り」と評価している。それにもかかわらず、大卒ですら英語が話せない日本人の多いことを不思議に思っているのだ。

中進国で海外に出る者は選ばれた人たちだから、英語を話せない者はほとんどいない。アジア諸国の企業で、部長以上の肩書がある者はすべて英語を話せる。当社のインネシア事業所の大学卒は全員英語を話せるため、日本人を含めた会議がインドネシア語でなく英語でできることで、操業当初より良いコミュニケーションが取れている。

日本人は読み書きより会話が苦手だが、これは奥ゆかしくてシャイな性格も不利になっているのだろう。近年、一部の小学校で3年生から英語の授業が始まったと聞くが、そうした部分を払拭する意味で非常に良いことだ。

私は、日本人だから英語が苦手だとは考えていない。日本の語学教育が良くないと断言できる。その理由は、海外に駐在する日本人は概ね半年も経過すれば、日常業務を英語でできるようになるからだ。学習する気のある者は、1年余りで流ちょうな英語を話せるようになる者もいる。英語が得意で、比較的安価な給与で頼めるフィリピン人の教師をたくさん採用するなどの策を、教育機関に練ってもらってはどうだろうか。

私は日本人の英語力の低さに対して、外国人に次のように弁解している。「日本にはいかなる文献や教科書も日本語で揃っているため、英語を理解しなくても勉強ができる。例えば、フィリピンにはタガログ語で書かれた文献がほとんどなく、英語を学ばなければ勉強ができない。日本で勉強や生活するのに外国語は全く必要ないが、このような国は世界的に見て極めて少ない」と。ジャカルタの大手書店で書籍を探していたとき、小説や専門書など30%近くが英語の本だった。現地幹部社員の優れた英語力に納得できた。

日本人の英語力の低さを述べてきたが、我々の若いときと比べて、最近の若者には目を見張るレベルの英語力を持つ者も多い。当社では14年前より毎年、中京大学の学生が語学を学ぶためにフィリピンへの研修旅行を世話しており、出発前、当社での説明会に来てもらっている。そこで現地での自己紹介のリハーサルを行うが、年々英語力が高まっている。彼らが社会人となり、海外に絡む業務に就くことを想像するとまぶしく感じる。

英語とは関係のない語学の話を付け足したい。明治維新以来、日本はアジア諸国に先駆けて、欧米の文化や技術を幅広く取り入れた。漢字は中国から伝わったのも事実だが、政治、経済、法律、数学、科学、医学などの漢字の70%以上を中国は日本から逆輸入した。そうした日本から逆輸入された漢字が、今や中韓ではなくてはならないツールとなっている。中韓にとって日

誰とでも親しくコミュニケーションする私

フィリピン事業所の社員とクリスマスパーティにて

本語は外国語だが、両国の近代化に大きく貢献したといえる。

春の叙勲　墓参りで報告

２０１１年夏、中部経済産業局から、「２０１２年春の叙勲に推薦したく、産業界での実績と功労をできるだけ多く報告して欲しい」という連絡を受けた。私は常々社員に、「自分の自慢話をしてはいけない。君たちの評価は他人が決めることだ」と話している。このような考え方の私が叙勲とはいえ、自分の手柄を記すことに大変抵抗を感じるとお伝えした。

大方、「そこを何とかして欲しい」と言われると予想していたが、全く違った答えが返ってきた。当局担当者は、「そうですか。それではグッドカンパニー大賞を推薦します」と即答された。恥ずかしながら、グッドカンパニー大賞がいかなる賞であるかを知らなかったので、ネットで調べてみた。すると驚いたことに、１９６７年にスタートしたこの制度で表彰を受けた三重県の企業は、わずか7社のみであることが分かった。

中小企業の経営者は個人保証をし、企業が傾けばすべて自身の責任になる。したがって、日々の経営は真剣勝負そのもので、経営者が全力で努力をすることは当然のことだ。叙勲は個人が頂くことになるが、それは多くの方々と社員の努力の賜物で、私個人が頂くことは非常に

2017 年春の叙勲 受章

引け目を感じる。しかし、グッドカンパニー大賞は優良な企業が受賞するもので、私と社員にとってはこの上ない光栄なのだ。厳かな授与式に参加し、中小企業庁長官から挨拶を頂いたが、家族や秘書などお連れがいなかったのは私だけだった。

その後、２０１６年に中部経済産業局から再度、叙勲の推薦を受けたことは本当に驚きだった。２０１３年に日本金型工業会の副会長役が終わって以来、公職は何もなかったので、叙勲などの名誉を頂くとは夢にも思っていなかった。この年から公職に就いていなくても、全国の企業家から20人程度を推薦するという制度ができたことを経済産業省の方から伺った。銀行出身で当社の北川総務部長は、「私が調べてすべて報告書を作成するので、ぜひお受けして欲しい」と言い、10日間で書類を作成してくれた。

皇居で天皇陛下から挨拶を頂いたときは、日本人に生まれて本当に幸せであることを実感した。翌日には墓参りをして両親に報告した。知人は自分のことのように喜んでくれて、８月３日に名古屋のホテルでお祝い会を開いてくれた。この会に、ジャーナリストの櫻井よしこ氏に参加頂いたことが昨日のように思い出される。

▼補稿　戦略家なのか、親父なのか —「規格外の経営者」と評されるゆえん

東北学院大学経営学部教授　村山貴俊

■何度も足を運びたくなるわけ

筆者は、2014年夏に伊藤製作所を初めて訪問して以降、毎年必ず1回は同社に足を運び、伊藤社長にインタビューを行ってきた。2014年10月にはインドネシアの合弁会社、2017年10月にはフィリピンの子会社にも訪問した。2015年秋には東北学院大学経営研究所シンポジウムで、学生や市民向けにご講演頂いた。

一般的に、研究者は分析対象の企業や経営者と適度な距離を保ち、調査を進める必要があるといわれている。なぜなら、分析対象を客観的視点から分析し続けなくてはならないからである。これまでの訪問頻度からすると、伊藤社長と筆者との距離はやや近すぎるかもしれない。しかし、何度も足を運びたくなるのには理由がある。

伊藤社長が記した前著の「解説」の中で、滋賀大学の弘中史子元教授（現・中京大学教授）も述べていたように、同社を訪問するたびに新しい事業展開の話が聞けるからである。最初に訪問した2014年夏は、ちょうどインドネシアの合弁会社が立ち上がった直後で、国内では

板鍛造という高度な生産技術に取り組んでいた。2015〜16年には、フィリピンに金型輸出工場を新設する計画を伺った。その理由は、社員の離職がほとんどなく技術者が多く揃ったが、フィリピンのマーケットが小さいことにあった。また国内工場増強に向けて、隣地を購入する計画も聞くことができた。

2017年春には、国内工場増強のための用地購入はすでに完了しており、フィリピン金型輸出工場の工事も順調に進んでいるとのことであった。合わせてフィリピン子会社の中核人材の一人、フィリピン人のローズ・アンドリオン女史を子会社社長に登用するとの話も耳にした。

こうして次々と新しい策が繰り出されるが、これらは景気が良いから「いけいけ、どんどん」で拡大するということでは決してない。伊藤社長は、かなり慎重な経営者であり、自らの能力の限界をしっかり把握されている。例えば、「おまえには50人以上の従業員を管理する手腕はない。50人以上に正社員を増やすなよ」という先代からの教訓を、今でもしっかり守られている。さすがに社員数は50人を超えているが、従業員を増やさず工場運営できる仕組みを作ることで、総勢110人程度に抑えている。

またインドネシアへの進出についても、海外拠点を2つも経営する資源や能力はないと判断し、一緒にやりたいというインドネシアの合弁相手からのラブコールをいったんは断った。最終的には、後に改めて詳述するが、日本から社員を派遣せず海外拠点を立ち上げる体制を作り

フィリピン人社員を指導する伊藤社長

フィリピンのレストランにて（右から３人目が伊藤社長で左手前が筆者）

出し、インドネシアへの進出を果たした。

同社を訪れるたびに新しい事業展開の話が聞ける。それは、モノづくり中小企業が、厳しい競争環境を生き抜くために、必死で自らを進化させようとする姿にほかならない。東京大学の藤本隆宏教授は著書『能力構築競争』（中公新書、2003年）の中で、自動車産業で生き残るためには、強い組織能力を構築し、それを進化させる能力（進化能力）が欠かせないと指摘した。進化能力は、自動車メーカーや大手部品メーカーだけに求められるものではない。自動車部品や金型を手掛ける中小企業にも同様に必要とされる。進化を止めた企業は、大企業であれ中小企業であれ、市場から淘汰される運命にある。

生き残れる中小企業は環境変化を先読みし、慎重に、しかし着実に進化し続ける。こうした進化能力を有する企業は、訪問するたびに変化しているので、何度足を運んでも面白い。訪問間隔を空けると進化についていけなくなるし、慎重に少しずつ進化しているにもかかわらず、それを急激な変化（いけいけ、どんどん）と見誤ることにもなろう。だから今後も、（出入り禁止になるまでは）年に1回は伊藤製作所を訪問し続けるつもりである。

■戦略家の顔

伊藤社長には2つの顔がある。一つは戦略家の顔、もう一つは親父の顔である。前著『ニッポンのスゴい親父力経営』というタイトルからも分かるように、伊藤社長は自らを中小企業の親父と呼ぶ。しかし、これまで私は3本の論文の中で同社の技術経営や国際経営を考察してきたが、伊藤社長は切れ味鋭い戦略家である。まず、戦略家の顔から紹介しよう。

伊藤社長は、2つの基準に則して、新規事業を展開するか否かを判断しているという。一つは需要が供給を上回る場所であるか、もう一つは競合が少ない領域であるかという基準である。当たり前といえば当たり前だが、まさにこれは、買い手や競合他社からの競争圧力が弱い場所を見つけ出し、そこにポジショニングすることが戦略の本質であると主張したマイケル・E・ポーター教授の競争戦略論の実践にほかならない（マイケル・E・ポーター『競争の戦略』ダイヤモンド社、1982年）。

例えばフィリピンに進出する前に、タイに良い条件で進出する機会もあったが、多くの日系企業の進出がありすでに需給のバランスが崩れていると判断してタイへの進出を見送り、1995年時点でまだ日本企業の進出が少なかったフィリピンを選んだ。また成長著しいインドネシアでは、現地にほとんど競合がいないプレスの順送り金型や精密プレス部品を手掛けており、まさに競合が少ない技術領域を選んで進出を果たした。このため、同社のインドネシア合弁会社には、操業前にもかかわらず情報を聞きつけた日系メーカーから多くの相談が持ち込まれたという。

一方、日本国内では、ライバルが少ない板鍛造など最先端の生産・加工技術の研究と開発に積極的に取り組んでいる。また伊藤社長は、日本国内で自動車部品の需給面で比較的有利（需要＞供給）な地域として、東北を挙げる。トヨタの生産子会社やトヨタ系1次サプライヤーの進出があるにもかかわらず、現地の2次サプライヤーが思うように育っていない東北の実状に鑑み、現地の中小企業と良い条件で手を組めば同地に展開する可能性がある、と示唆していた。

また、競合が少ない領域の中でもさらに競争を有利に進めるために、独自の資源や能力を構築している。次ページに示す図は、同社の経営資源と、それを束ねる能力を体系的に示したものである。すべてを説明する紙幅はないため、同社の生産戦略の一つとしてよく取り上げられる「段取り替えレス」について簡単に説明したい。

同社は、1カ月で1週間しか稼働しないプレス機械を多数所有している。それらのプレス機械は1つの部品を生産する専用機になっており、金型の段取り替えをしない。1カ月で1週間しか稼働しないという超・低稼働率であり、生産管理の常識に照らせばあり得ないプレス機械の使い方である。

では、なぜ段取り替えをしないのか。それは、段取り替えに掛かる工数と人員の節約が狙いの一つである。段取り替えでは、単に金型を交換するだけでなく、品質を安定させるための試打ちや品質保証のための寸法測定などに多くの工数が掛かる。段取り替えが多くなれば、追加

伊藤製作所の競争力を支える資源と組織能力

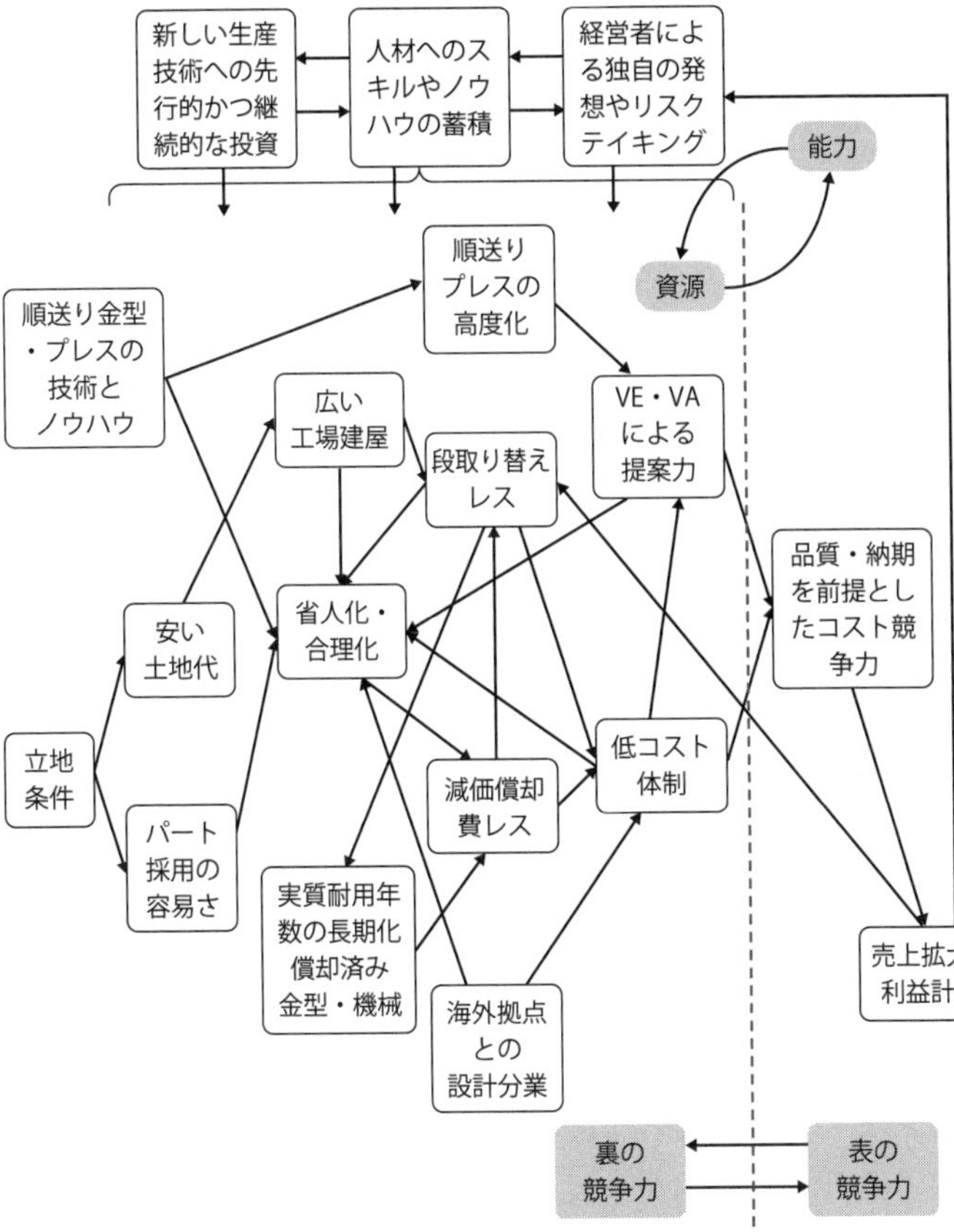

多くの資源が経営者や人材の能力により複雑に束ねられて
競争力が構築されているため、他社が模倣できない

出所：村山貴俊、「中京圏・順送りプレスTier2メーカーとの比較にみる東北自動車産業の可能性と限界―三重県四日市市・伊藤製作所の事例を中心に」、『東北学院大学 経営学論集』第7号、2016年3月、27ページより一部修正して転載。なお、表と裏の競争力という概念は藤本隆宏、『能力構築競争』、中公新書、2003年を参照

の人員（人件費）が必要となる。

伊藤社長は、人件費の増加とプレス機械の減価償却費の増加を慎重に比較した結果、プレス機械の数を増やして段取り替えを少なくし、少ない人数で工場を運営した方が有利になると判断した。判断の根拠は、過去50年間で人件費は40倍になったが、プレス機械の価格は3倍程度の値上りに過ぎなかったということにある。減価償却費がかさむことで一時的に赤字になることも覚悟したというが、そのやり方を導入して以降、利益は順調に増え、以前より品質が安定し、プレス機械と金型の寿命も延びたという。

さらに重要なのは、このやり方が成立する要件である。通常より多くのプレス機械を使うため、広い工場と用地が必要になる。同社は中京圏に立地するが、三重県四日市市の田舎にあるため土地代が坪10万円と安い。伊藤社長によれば、坪30万円になると段取り替えレスでは採算が合わなくなることから、多くの工場が立地し土地代が高い、愛知県三河地区でこれを実行するのは難しいという。

また、段取り替えをしない専用機で生産される部品は、月産15万個以上の量産部品のみである。これら月15万個以上の量産部品は同社で約65点であるが、その売上は全体の80％を占める。売上の20％に当たる約８００点の月産生産量が少ない部品は、通常の段取り替えで生産される。同社は、月産15万個以上の量産部品をより多く受注するため、改善によるコスト低減を繰り返

ロボットを活用した自動化ライン

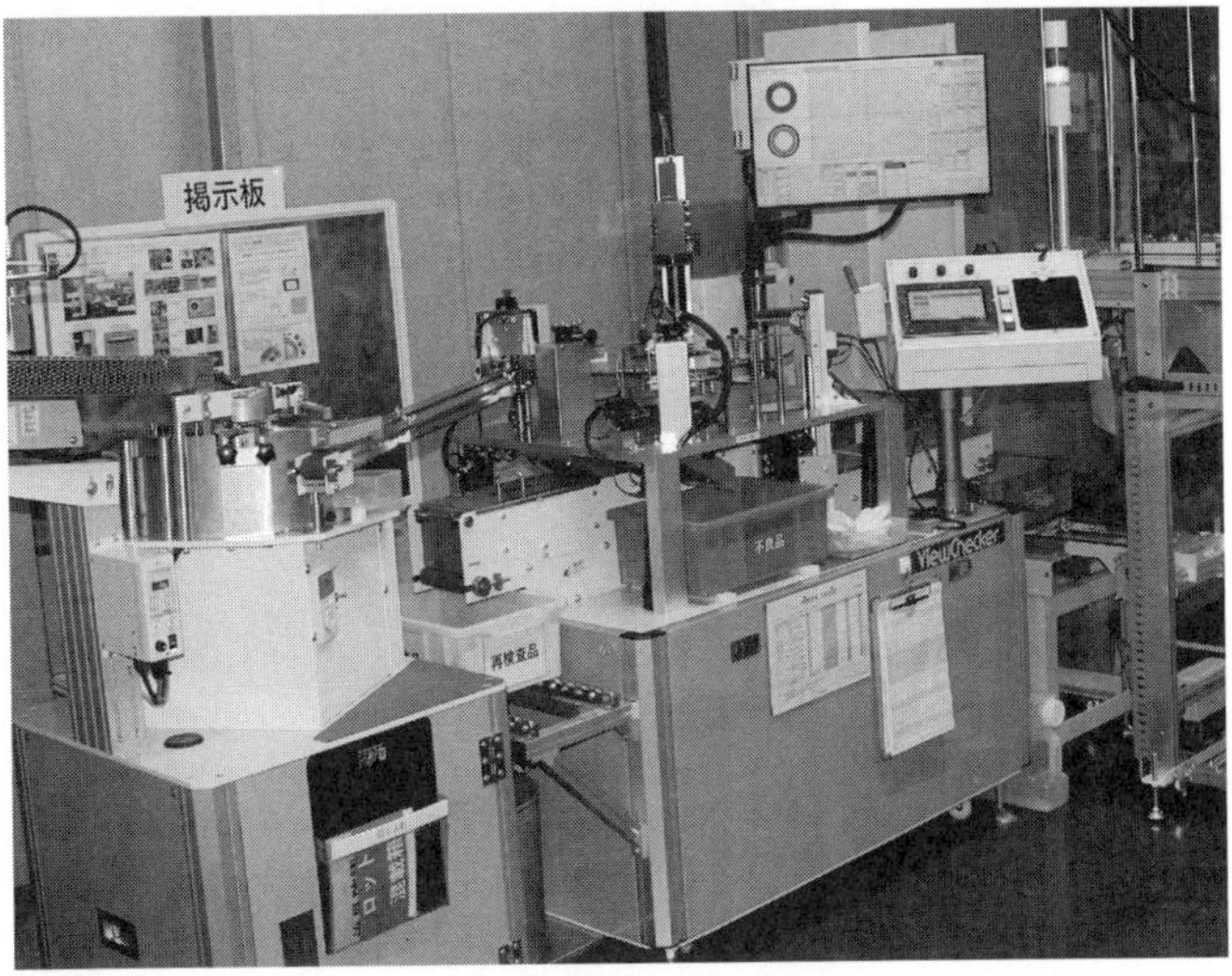

高速（400 個 / 分）で検査する全自動画像測定機

し、取引先からの信頼を獲得してきた。既存部品に対して価格低減を提案するとともに、新車が立ち上がる際に生産量が多い案件に対して競争力のある価格を提示することで、有利な受注の獲得に結びつけてきたと伊藤社長は言う。

つまり、段取り替えレスという独自の生産戦略は、改善と提案を通じた取引先との信頼関係、そうした信頼をテコに獲得した生産数の多い部品群、そして中京圏でも土地代が安い有利な立地など、いくつかの活動や資源の蓄積の上に成立していることを理解する必要がある。こうした要件が整わない限り実行できない戦略であり、まさにそれは経営戦略論の資源基盤アプローチの代表的論者ジェイ・B・バーニー教授が言う「模倣困難性」へと結びつくのである（ジェイ・B・バーニー『企業戦略論』ダイヤモンド社、2003年）。

実際、同業他社が同じやり方に取り組んだものの、途中でやめたという。他社が簡単に真似できない資源の組み合わせがあることで、先に見てきた有利なポジションを長く維持できるのである。模倣困難な資源と有利なポジショニングとが表裏一体の関係となり、同社の競争力をしっかり支えているといえよう。

もう一つは、本社⇕在外子会社、在外子会社⇕在外子会社の拠点間ネットワークの活用である。まず本社⇕子会社の関係の中で特筆すべきは、フィリピン子会社の金型技術者が本社の金型設計をサポートしている点である。板鍛造など高度な金型の設計は本社でしかできないが、一般的な順送り金型の設計は、フィリピン人技術者のレベルは日本人に引けを取らない。本社の金型設計が忙しく人手が足りないときに、フィリピンに仕事を回して設計支援させることで、日本人設計者の人数を必要以上に増やさなくて済む。

次に、子会社⇔子会社の関係の中で注目すべきは、フィリピン人技術者がインドネシアの拠点立ち上げを支援するという仕組みの構築である。拠点立ち上げのために本社から日本人の技術者を送り込むとコストが掛かる上に、ギリギリの人数で回している本社のマンパワーが不足する。

伊藤社長によれば、フィリピン子会社の技術者を集めて、インドネシアの合弁の立ち上げに協力してくれるかと尋ねたら、全員がインドネシアに行きたいと手を挙げた。このフィリピン人がインドネシアの拠点立ち上げを支援するという仕組みこそが、インドネシアでの合弁設立への決め手になった。２０１５年夏の時点で、品質管理スタッフ１人、設計１人、金型製作２人、設計とＣＡＭ・ＮＣ機操作１人の計５人のフィリピン人が、支援スタッフとしてインドネシアの合弁会社に駐在していた。

さらに最近では、国内の少子化の影響で工業高校を出た技術者の採用が難しい中、在外子会社から本社への企業内転勤という新たな方策を講じたという。フィリピン人４人の在外子会社の社員たちが、本社の製造現場で技術継承に取り組むことになる。

在外子会社には日本で働きたい優秀な即戦力人材がたくさんいる。そんな海外のやる気のある若手人材を起用することで、日本での採用難と技術継承という問題の解決を図る。同社の拠点は日本を含めてまだ3カ所が、各事業拠点に「配置」されている人材とその能力をうまく「調整」することで、有利な事業展開を実現しようとしている（マイケル・E・ポーター編著『グローバル企業の競争戦略』ダイヤモンド社、1989年）。

以上のように、同社が繰り出す戦略は、経営戦略論の分析枠組みに則してよく理解できる。これこそが、伊藤社長を戦略家と呼ぶゆえんである。

■親父の顔

本人が自称しているように、伊藤社長には中小企業の親父の顔がある。まず感じるのは、日本でも海外でも、社長と社員との距離が非常に近いことである。前著でも詳しく記されていたが、男性社員とは休日前日に一緒に銭湯に行き、ときに恋愛の相談にも乗るという。女性社員とは一緒に料理を楽しむ。例えば、筆者と一緒に国内工場を回る際も、従業員やパートの方々に「どうや、頑張っとるか?」と声を掛け、気さくに言葉を交わしている。

フィリピン子会社での伊藤社長の振る舞いも、親父そのものである。自身が現地で調理した麺つゆや佃煮を、フィリピン人の社員たちに配る。仕事が終わった後でマニラまで夕食を食べ

日本レベルで金型メンテナンスを行う現地社員

中京大学梅村理事長からフィリピンで特別栄誉客員教授
の称号を授与される伊藤社長

に行くときも、フィリピン人やインドネシア人の社員たちと一緒に定員一杯のワゴン車に乗って移動する（筆者も同乗させて頂いた）。渋滞もあり到着するまで1時間半ほど掛かったが、移動中もフィリピン人やインドネシア人の社員たちと、仕事や私生活について会話を交わす。もちろん、伊藤社長はすべて英語で会話している。

また、社員数が少ないからこそ可能になるのだろうが、伊藤社長は社員一人ひとりの能力や性格を実によく把握している。弊学のシンポジウムの講演でも、頑張っている若手社員の入社から現在までの仕事ぶりを細かく語ってくれた。彼らが、どのように努力し、どのような能力を身につけてきたかをすべて覚えている。また筆者との会話の中でも、「ウチのような中小企業を選んできてくれた子たちは、やっぱり大切にしたい」と語っていた。まさに、伊藤社長は社員たちの親父である。親父であるから、子供たちのことを分かろうとするし、大事にする。

とはいえ、親父は決して子供たちを甘やかさない。弘中教授も書かれていたように、同社の若手社員は原則として一人で海外拠点に送り込まれる。彼らは現地従業員に囲まれた状況の中で、技術、営業、品質、経理など幅広い仕事を経験し、実力を上げる。

そして、力をつけた社員は適切に評価し、給与や賞与でしっかり報いる。ここで具体的な金額を記すことは憚られるが、弊学シンポジウムの講演では、フィリピンとインドネシアの海外拠点で副社長を経験した40代の社員（当時）の年収にも触れられた。大手企業にも勝るとも劣

ボラカイへの懇親旅行 大喜びの社員たち

らない金額であった。

最近ではより明確になってきているが、日本を代表するような大手企業に就職したとしても、決して将来が約束されるわけではない。であれば、伊藤製作所のような力のある中小企業に就職し、そこで大事にされながら、若いうちに海外子会社に赴任して様々な経験を積み、どこでも通用するような能力を身につける生き方も悪くないだろう。

また、伊藤社長はどこに行っても人気者である。筆者は伊藤社長より一足先にフィリピンに入り、子会社でヒアリング調査を行っていたが、伊藤社長が到着した途端に現地従業員の表情が笑顔に変わったのが分かった。伊藤社長は、社長なのに威張っていないし、話が面白いし、得意の手品で人を和ませる技も持っている。安倍首相のアジア諸国歴訪に同行した伊藤社長が、安倍首相やジョコ大統領の前でもタイミングを見計らって手品を披露した逸話は、本編でも紹介されている。筆者のような研究者に対しても非常にオープンで、「中小企業に目を向けてくれてありがとう。中小企業の経営や技術のこうした点に着目するとよい。この会社を見ておいた方がいい」と、いつも前向きなアドバイスをくれる。

しかし、そうした表面的な言動だけでなく、もっと深いところに人を惹きつける何かを持っていると思う。筆者は、インドネシアの合弁相手アルマダ財閥の番頭格で、インドネシアの従業員や財閥の御曹司からも厳しい経営者として畏れられているJ・ブディヨノ氏と食事をしなながら話したことがある。ブディヨノ氏は、伊藤社長に惚れ込み、合弁会社の設立に向けて熱烈なラブコールを送った一人である。

筆者は、ブティヨノ氏に「なぜ伊藤さんに惹かれるのか?」と質問してみた。ブディヨノ氏は、「伊藤さんの努力する姿に惹かれる。伊藤さんは、謙虚で何事にも一生懸命取り組むし、50年以上の経験は何よりも強い」と答えた。筆者も同感である。例えば、日系企業が発注する金型の仕事を、中国企業が安い価格で引き受けつつある現状に対し、フィリピンの新・輸出工場を活用して中国企業に流れている金型の仕事を日本企業が取り戻すことに必死で取り組んでいる。

モノづくりの基盤をなす金型をこのまま中国企業に取られると、日本のモノづくりが本当にダメになるとの危機感と使命感で邁進しているのである。そうした親父が「努力」する姿に、社員がついてくる。親父の努力を見て、社員の士気も鼓舞される。そして、フィリピンやインドネシアの異国の人たちも、日本の親父の努力する姿に惹かれるのである。

伊藤社長が育てた子供たちも、めきめきと成長してきている。フィリピン子会社の新社長に就任したローズ女史にインタビューをする機会に恵まれた。その中で印象に残っている話をいくつか紹介したい。まずローズ女史は、伊藤社長のマネジメントの特徴について、「信頼して権限を委譲してくれる。ジョブ・ローテーションによりシステム全体を学べるため知識を高めていくことができる。透明性も高く、実直で、信頼ができる」と述べる。さらに、新社長として自身の今後の会社の舵取りについて、「社員間での知識の共有が大事。お互いを信じ合うことが大事である。これも伊藤社長から学んだこと」と語る。

「協調だけでなく競争も大事なのではないか?」という筆者のやや意地悪な質問に対して、彼女は「競争ではなく、一人ひとりが新しいことに挑戦するという感覚を持つことが大事と考えている」と応じた。その挑戦の一つが、フィリピン子会社によるインドネシア合弁会社の立ち上げ支援であった。また、あなたほど優秀ならもっと大きな企業に転職する機会もあったのではという質問に対して、ローズ女史の回答は、「マニラから会社まで1時間の通勤は確かに大変である。しかし、自分のことよりも、従業員を成長させるという責任があるので、ここを去るわけにはいかない」というものであった。日本の親父の心が、フィリピン人の女性に伝播され、異国の地で着実に育まれているのである。

紙幅の関係で一人ずつ詳細に触れることはできないが、日本にいる中堅社員、そして跡取りの3代目も力をつけてきている。中小企業にとって事業承継は大きな課題となる。特に社長のカリスマ性が強ければ強いほど、承継は難しくなるだろう。次世代を担う中堅社員そして3代目は、みんな海外子会社で経験を積んだ人たちである。彼らは、異文化の中で生き抜くための論理的思考力と柔軟性、忍耐力を身につけている。それらは今後、ますます進展するはずのグ

明日のモノづくりを担う若手社員と（本社前）

ローバル社会において大きな武器となるに違いない。

さらに、同社は地元商業高校の優秀な女性たちを新卒で毎年採用しているが、品質管理や生産管理の間接部門はもとより、CAD／CAMを積極的に学ばせ、NC工作機械の加工データ作成や実際の加工までを担える女性社員が出てきているという。女性たちが本来の力を発揮し活躍できる会社になるということで、次なるステップ・アップとして、金型設計の技能を修得してもらうことで女性の金型設計者を育成しようとしている。

もちろん、伊藤社長はまだ現役で活躍し続けるわけだが、親父の愛情を受けながら、海外子会社という道場で鍛えられた逞しい中堅社員、そして活躍のチャンスを与えられた女性社員や在外子会社の社員たちが次々と育ってきているのである。

■親父の仮面をかぶった戦略家

最後に、本稿タイトルの「戦略家なのか、親父なのか」という問いに戻ろう。「親父の仮面をかぶった戦略家」というのが、筆者の回答である。

競争の激しい中京圏の自動車部品産業の中で、しっかりと利益を計上するためには、競争圧力の少ないポジションの発見と選択、そのポジションを守るための独自の経営資源や能力の組み合わせ、そして緻密なコスト・ベネフィット分析が求められ、まずもって優れた戦略家である必要がある。中小企業の親父の顔だけで生き残れるほど、最近の自動車産業の競争は甘くない。厳しい環境の中でも伊藤製作所が良好な経営業績を残していることから見ると、伊藤社長の真の姿は戦略家なのである。

しかし、伊藤社長の親父の顔に惹かれ、多くのやる気のある人たちが集うのも事実である。そんなプラスの貢献意欲を持った人たちがいないと組織が成立しないとすれば、親父としての顔も企業存続の不可欠な要素となる。伊藤製作所には、伊藤社長という親父の存在がなくてはならない。だからこそ、戦略家という真の姿に親父の仮面をかぶっているとの表現がふさわしい。さらにいえば、戦略家と親父の顔を、同時かつ自然に持ち合わせている。これこそが、伊藤社長が「規格外の経営者」と評されるゆえんでもあろう。

エピローグ　～学び続けて地域に貢献する

前章まででは、一個人そして経営者として私がこれまでに実践してきたこと、その中で思い巡らせたことについて書き綴ってきた。最後に、やや俯瞰的に小著の狙いや意義を問い直してみたい。

アフターコロナ社会における経営を考える

新型コロナウイルスで世間が混乱する中、私は、自分の経営を見つめ直し、今後の経営のあり方を考え直す時間と機会を頂いたと前向きに捉えている。東北学院大学の村山貴俊教授が「補稿」で記しているように、これまで確かに私は、競争で有利な製品や場所を見抜き、ライバルたちの過度の競争を回避することで、自動車産業という厳しい競争の中でも安定的に利益を上げてきた。そして、それが今の当社の安定した財務体質と経営基盤につながったと自負している。

しかし今回、やや異なる視点から利益とは何か、そもそも利益がどこから来るのか、ということを思案してみた。自動車産業の創始者の一人であり自動車王ともいわれる、かの有名なヘンリー・フォードは、大衆への奉仕の結果として企業に利益が与えられるという考え、すなわち「利益結果論」を標ぼうしていたと聞く。他人が創設した会社の経営に参加した際に、製品である自動車に目も向けず、ただ儲けることしか考えていない経営者たちに嫌気がさし、経営のあるべき姿を思案した上で利益結果論へとたどり着いたのだという。フォードは、大衆である消費者に奉仕すること、すなわち良いクルマを作り、それを安く提供することが自動車会社本来の目的だとした。

フォードは過去の偉人であり、彼が会社を創設して100年以上が過ぎているが、私自身は今、彼の考え方に強い共感を覚えている。当社のお客様は最終消費者ではなく、大手の自動車部品メーカーである。しかし、考え方は同じである。我々の経営の目的は、お客様の部品メーカーに対して、品質の良い部品をより安く提供していくことにある。

我々のような中小部品メーカーが、しっかりとした部品をより安く生産することで、最終消費者にも良い製品がより安く提供されることになる。その目的に向けて、我々は金型技術や設計・生産設備の革新に向けて日々努力していかなければならない。

その本来の仕事がしっかり果たせたときに、初めて売上が立ち、そして利益を頂けるのである。とりわけ取引先である大手部品メーカーが技術の面で困っているとき、そして他社ではそれを解決できないときに、当社独自の技術やアイデアで問題の解決に貢献できると、その結果として良い仕事を頂けるのである。逆に、利益を上げることが第一義になってしまうと、悪い製品をいかに高く売りつけるか、という非生産的で良くない発想を巡らせることになる。

フォードは、会社が得た利益は、労働者にしっかり還元しなくてはならないとした。そして、労働者に還元していくことで家庭の購買力が向上し、自社の製品の市場が拡大していくとも考えたのである。

私自身は、周りの人たちからはそこまでオープンにする必要があるのかと言われながらも、経営状態を社員に伝え、利益が出たときには、パートさんや海外子会社の社員にもボーナスとして還元してきた。もちろん、経営環境の悪化などで利益が出ないときは、社員にも少し我慢してもらうこともあるが、経営業績を常に開示していれば社員も納得してくれる。こうした私のオープンな経営手法は、日本だけでなく、フィリピンの海外子会社の社員たちからも高く評価され、経営者への全幅の信頼に結びついている。

地域貢献の新しい姿

そして最後に、地域社会への奉仕についても、私なりの考えを整理しておきたい。

当社は三重県、フィリピン、インドネシアで事業を展開し、事業活動の場を与えてくれる地域社会に恩返しをしていくことは当然と考えている。しかし、当社のような中小企業が、どのような貢献や奉仕ができるのだろうか。やはり、中小企業は本業を通じて、地域への貢献を考えていく必要があるだろう。そのような条件で何ができるのかと考えると、地域および各ご家庭からお預かりしている社員をしっかり育てていくということになろう。

当社では、本人が希望すれば、常に新しい難しい仕事に挑戦していけるキャリアパスを用意している。海外に駐在したいなどの希望は大歓迎だ。最近では、商業高校卒の女性でも努力をすれば金型設計者になれ、それ相応の給与が取れるキャリアパスと教育プログラムの準備を進めてきた。結婚してからも仕事を続けてもらえれば、家庭の経済的安定にもつながる。

また、新型コロナウイルスの影響からリモートワークの必要性が高まってきているが、アフターコロナ社会でもその流れが引き続き不可逆的に進んでいく可能性がある。週休3日になったことで設計の集中教育を行ったところ、5月末には一型目の設計図面が完成した。初の金型トライに立ち会った彼女は、「人生で最大の不安と喜び」と語った。設計（CAD）が完成すれば加工データ（CAM）を作成し、NC工作機械で無人加工につながる。このプログラミングとワイヤ放電加工機の操作も20歳前後の若い女性が主力で活躍している。

また、フィリピンでも人材育成にしっかり取り組み、今では現地人の女性社長ローズに権限を大幅に委譲できている。現地人の女性を社長に抜擢し、経営を任せた。すでに彼女は私の考え方を深く理解し、私以上にしっかりと現地の社員たちを管理、育成してくれている。仮に新型コロナウイルスの影響で長期にわたり現地に赴くことができなくても、安心して経営を任せられる状態にある。思い切って権限を委譲し、人を育てておいたことが、意図せず海外事業の継続性につながっている。それがフィリピン政府による当社への高い評価にも結びついているのであろう。

そして今、もう一つの新しい地域貢献を模索している。

宮城県仙台市にある東北学院大学で開催された東北の自動車産業集積の可能性を検討するシンポジウムに登壇した。トヨタ自動車が東北を国内第3の生産拠点と位置づけて久しいが、東北の地場の中小企業による部品製造への参入はなかなか進んでいないのが現状だという。そのため、トヨタ自動車東日本とそれに連なる大手部品メーカーの生産子会社は、多くの部品を中京圏から運賃を掛けて運んでくるのは非効率的であり、できれば近くから調達したいと考えているに違いない。

我々が長年蓄積してきた自動車部品の生産技術を、現地の中小製造業より依頼があれば利用を検討して頂く価値はあるだろう。トヨタ自動車東日本や大手部品メーカーの生産子会社に貢献することで、東北の中小企業による自動車産業への積極的な参入が期待できるのではないだろうか。

アフターコロナあるいはウィズコロナといわれる時代において、私は新しい見方や考え方を取り入れ、会社を経営していこうと思案している。すなわち、経営者としての新たな宿題として、「専有と競争」から「共有と協調」へと見方を切り替え、利益を目的ではなく「奉仕の結果」として捉え、地域社会を含む外部の利害関係者の皆様と〝ともに繁栄していける〟ような経営の在り方を探究したいと考えている。

時代や環境が、学びを止めることを許してくれない。当社が会社として生き残り、利害関係者の皆様に貢献し続けるために、後継者および社員たちと一緒になって学びを続けていかなければならない。

本書の出版に当たり、中部経済新聞社と名古屋の時局社には記事作成および転載許可などで便宜を図って頂いた。ここに御礼を申し上げる。

２０２０年９月

伊藤　澄夫

2013年	4月	インドネシア合弁会社「イトー・セイサクショ・アルマダ（ISA）」設立。資本金300億ルピア
2013年	11月	第31回優秀経営者顕彰受賞
2013年	11月	第47回グッドカンパニー大賞優秀企業賞受賞
2015年	4月	住友電装株式会社より総合優良賞受賞
2015年	7月	住友電工株式会社より優秀パートナー賞受賞
2015年	10月	2009年からの6年間で自動プレス49セット（400トン板鍛造用ほか）、マシニングセンター3台、ワイヤカット4台導入
2016年	12月	ISO/TS16949　認証取得（ISA）
2017年	1月	安倍総理の東南アジア外遊（フィリピン、インドネシア）に当社社長が同行
2017年	4月	イトー・セイサクショ・フィリピン・コーポレーション（ISPC）に金型専用工場を新設
2017年	4月	2017年春の叙勲「旭日単光章」受章
2017年	12月	経済産業省より「地域未来牽引企業」に選定を受ける
2018年	10月	福利厚生施設「黄金荘」完成

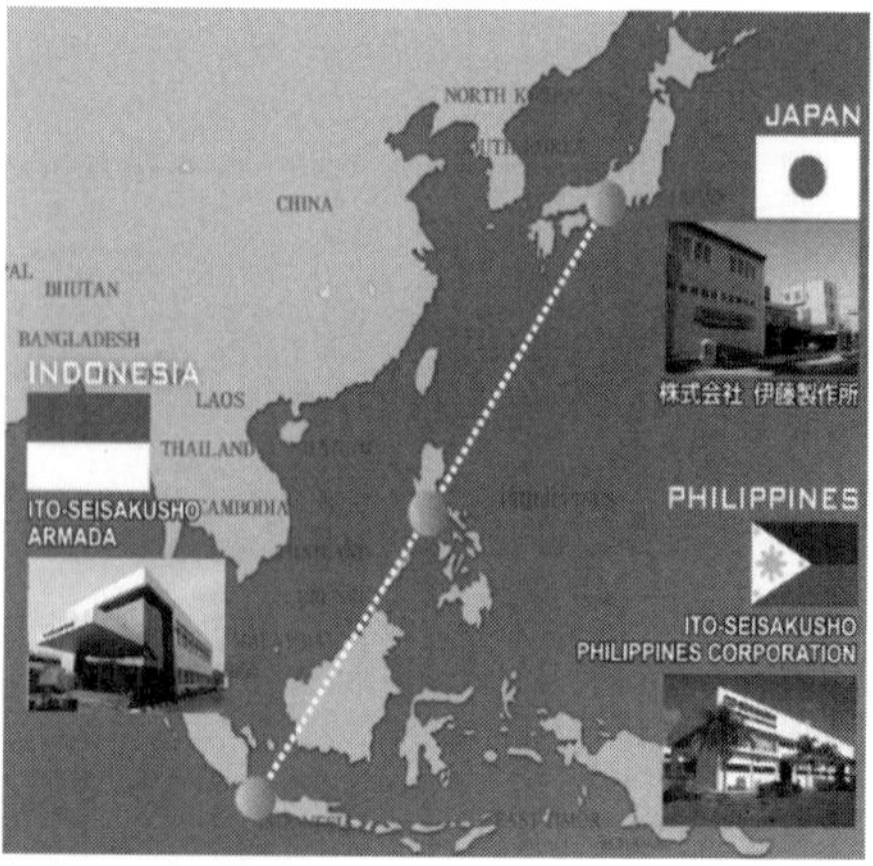

伊藤グループ３拠点

伊藤製作所の沿革

1945年	12月	三重県四日市市浜町に「伊藤製作所」創立、戦災による漁網機械および撚糸機械の復興事業より創業する
1957年	7月	「株式会社　伊藤製作所」を設立。資本金150万円
1963年	10月	順送りプレス型設計製作を開始
1964年	8月	資本金500万円に増資。黄金町に工場を新設し、プレス金型製造合理化のため、機械の増設を図る
1979年	4月	大型自動プレス、NCフライス盤2台とワイヤカット4台増設
1983年	8月	顧客ニーズに応え、CAD/CAMを導入
	10月	金型部門の合理化のため、100本ツール交換対応（ATC付）マシニングセンターほか関連設備増設
1985年	3月	高速自動プレス5台、マルチペーサーを導入
1986年	4月	本社事務所および社員寮（9世帯）の建設
1986年	12月	広永町上高田にプレス専用工場を新設（2,100m^2）
1990年	11月	自動設計システム、ワイヤカット4台導入
1991年	11月	本社金型工場（960m^2）、恒温室（336m^2）の建築。マシニングセンター2台導入
1995年	12月	フィリピンに合弁会社イトーフォーカス設立。資本金800万ペソ
1997年	1月～	合弁会社へ設備移転のため、プレス9台、CAD/CAM4台、マシニングセンター2台、ワイヤカット2台、NCフライス、3次元測定機導入
2000年	7月	プレス工場製品倉庫を増設（420m^2）
	8月	IS09002認証取得
2001年	4月	自動プレス14台導入（300トンほか13台）
2002年	8月	環境マネジメントシステム　エコステージⅠ認証取得
2003年	3月	フィリピン合弁会社を100％独資にし、「イトー・セイサクショ・フィリピン・コーポレーション」（ISPC）に改組。資本金2,000万ペソ
2005年	3月	プレス第2工場を新設（936m^2）
2007年	6月	プレス第3工場を新設（612m^2）
	9月	自動プレス12台導入（アイダPMX300トン、アマダPDL300トンほか10台）
2008年	7月	元気なモノ作り中小企業300社に選ばれる
2009年	1月	自動プレス8台導入（アイダPMX600トンほか7台）
2010年	12月	プレス第4工場を新設（1,367m^2）
2013年	3月	プレス第5工場を新設（741m^2）

〈著者略歴〉

伊藤 澄夫（いとう すみお）

1942年6月4日生まれ
1961年　三重県立四日市商業高等学校卒業
1965年3月　立命館大学経営学部卒業
1965年4月　㈱伊藤製作所入社
1968年9月　名城大学理工学部（2部・夜間）4年中退
1986年6月　㈱伊藤製作所社長
2017年4月　2017年春の叙勲「旭日単光章」受章

要職
㈳日本金型工業会　国際委員長　副会長歴任
中京大学特別栄誉客員教授
国立ソウル科学技術大学校金型設計科　名誉教授
神戸大学非常勤講師
著書『モノづくりこそニッポンの砦』
　　『ニッポンのスゴい親父力経営』

日本製造業の後退は天下の一大事
モノづくりこそニッポンの砦 第3弾

NDC335.3

2020年9月30日　初版1刷発行　　定価はカバーに表示されております。

発行者　井水治博
発行所　日刊工業新聞社
〒103-8548　東京都中央区日本橋小網町14-1
電話　書籍編集部　03-5644-7490
　　　販売・管理部　03-5644-7410
　　　FAX　03-5644-7400
振替口座　00190-2-186076
URL　https://pub.nikkan.co.jp/
email　info@media.nikkan.co.jp
印刷・製本　新日本印刷

落丁・乱丁本はお取り替えいたします。　2020　Printed in Japan
ISBN 978-4-526-08083-8　C3034